WANDERROUTEN
DER GNUS
August bis Oktober
Juli
November
Juni
Dezember bis Mai
KENIA
TANSANIA
Victoria-See
Mori Bay
Mara Bay
Musoma
Migori
Mori
Isebania
Mara Bridge
Mara
Masura-Sumpf
Masai-Mara-Nationalreservat
Sand R.
Bologonja
Bologonja-Eingang
Serengeti-Nationalpark
Ikorongo-Wildschutzgebiet
Suguti
Grumeti-Wildschutzgebiet
Grumeti
Ndabaka-Eingang
Lamadi
Western Korridor
Bololedi
Loliondo
Orangi
Lengikave 2239 m
Loliondo-Wildschutzgebiet
Natron-See
Mbalageti
Seronera
Serengeti
Barafu Kopjes
Simba Kopjes
Magadi-See
Gol Kopjes
Moru Kopjes
Naabi-Eingang
Bariati
Ol Doinyo Lengai 2878 m
Ngorongoro-Schutzgebiet
Empakai-Krater
Empakai-See
Ndutu-See
Sinoni
Masek-See
Olduvai-Schlucht
Olmoti 3099 m
Nainokanoka
Lolmalasin 3648 m
Maswa-Wildschutzgebiet
Lemagrut 3132 m
Endulen
Ngorongoro-Krater
Ngorongoro
Oldeani 3188 m
Kraterhochland
Eyasi-See
Lake-Manyara-Nationalpark
Manyara-See
Serengeti – Buschland
Serengeti – Grasland
Pufferzone
Kopje – Felsgruppe
Park-Hauptquartier
0
25 km

REINHARD RADKE

SERENGETI

KNESEBECK

INHALT

EINLEITUNG

Oben rechts und links: Für den Kinofilm wurden die Tiere monatelang mit aufwendiger Technik verfolgt.

Großes Bild: Von Dezember bis Mai versammeln sich auf den Ebenen der südlichen Serengeti bis zu zwei Millionen Huftiere.

FASZINATION SERENGETI

Ich war 13, als die Serengeti zum ersten Mal in mein Blickfeld rückte. Das Buch *Serengeti darf nicht sterben* von Professor Bernhard Grzimek zog mich derart in seinen Bann, dass es einen Lebenstraum in mir weckte: einmal als Biologe oder Fotograf in der Serengeti leben, die vielen aufregenden Tiere selbst beobachten und die Regeln ihres Miteinanders erforschen!
Es sollte dann zwar noch ganze 17 Jahre dauern, bis ich endlich in die Serengeti kam, aber seither ist kaum ein Jahr vergangen, in dem ich nicht dort war, sei es zu Forschungszwecken oder für Dreharbeiten. Weil mir aber meine beruflichen Verpflichtungen bald nur noch Stippvisiten erlaubten, begeisterte mich die Idee, den wunderbaren Nationalpark in einem Kinofilm zu würdigen. Dank modernster Kameratechnik lässt sich heute die Großartigkeit des Landes und seiner Bewohner lebensnaher einfangen als je zuvor. Und endlich konnte ich mir die Zeit nehmen, den Tieren in aller Ruhe zu folgen und sie bei ihren Abenteuern zu beobachten.

FRÜHE EROBERER

Die ersten Forschungsreisenden aus Europa, die durch das Gebiet der heutigen Serengeti kamen, erwähnten die Landschaft in ihren Berichten nicht ausdrücklich. Das lag sicher daran, dass es sich damals nicht vom übrigen Ostafrika unterschied: Elefanten, Nashörner, Antilopen, aber auch Löwen und Geparde tummelten sich in der Savanne. Das Wild war für die großen Trägerkolonnen der Forscher und Händler ein nützlicher Fleischlieferant, konnte den Menschen aber auch gefährlich werden, wenn sie ihre Büchse gerade nicht schussbereit hatten.

Natürlich lebten in der Serengeti wie in den anderen Regionen Afrikas seit Urzeiten Menschen. Vor etwa 300 Jahren breiteten sich die Masai von Norden her in Ostafrika aus. Vor 160 Jahren tobten im Ngorongoro-Krater harte Kämpfe mit den dort ansässigen Stämmen, und einige Masai-Erzählungen leiten den Namen des großen Kraters sogar von dieser Schlacht ab. Da es bei den Masai als unrein gilt, Wildfleisch zu essen, jagen sie nicht. Der Tierbestand in der Gegend war deshalb noch recht hoch, als vor ungefähr 120 Jahren die Rinderpest in Afrika eingeschleppt wurde. Auch die meisten Wildtiere steckten sich an, und innerhalb weniger Jahre starben in ganz Afrika Millionen von Wiederkäuern. Die Masai litten schrecklich unter der Rinderpest, weil sie fast ihr gesamtes Vieh verloren. Viele Menschen verhungerten damals, und weite Landstriche wurden entvölkert, auch die Gegend, aus der später die Serengeti wurde.

Anfang des letzten Jahrhunderts siedelten deutsche Landwirte in der feuchtkühlen Gegend des Kraterhochlandes; zwei ließen sich sogar im Ngorongoro-Krater nieder. Die fast menschenleeren Grassteppen jenseits der Berge entwickelten sich dagegen zu einem beliebten Ziel für Großwildjäger, denn inzwischen waren viele Wildtiere immun gegen die Rinderpest, und die Bestände nahmen wieder zu. Im Jahr 1929 stellte man einen Teil der Grasländer unter Schutz und erlaubte die Jagd dort nur noch professionellen Jägern – wenn Einheimische jagten, war das »Wilderei«.

Im Jahr 1950 wurde das Schutzgebiet dann vergrößert und mit einem Jagdverbot für viele Arten belegt. Schon 1951

Oben rechts und links: Großtiere wie Elefanten oder Nashörner waren einst weltweit verbreitet. Heute gibt es sie nur noch in einigen afrikanischen Nationalparks.

Großes Bild: In der Serengeti kann man Afrika noch erleben, wie es von den ersten Forschungsreisenden vor nur 200 Jahren vorgefunden wurde.

erfolgte die Gründung des Serengeti-Nationalparks. Nun setzten sich aber die Hirten zur Wehr, die in die Ebenen zurückgekehrt waren. Denn da der Park nur noch den Wildtieren offen stehen sollte, war für Menschen und Vieh kein Platz vorgesehen. Man erwog daher, den Masai als Ausgleich das Kraterhochland, das ursprünglich zum Park gehört hatte, als Weideland zurückzugeben. Es war bekannt, dass die Gnuherden zwischen dem Kraterhochland und den Buschsteppen im Nordwesten des Parks hin- und herwanderten. Niemand konnte aber sagen, ob die große Gnuwanderung, die der eigentliche Grund für die Parkgründung war, ohne Kraterhochland überhaupt weitergehen würde.

EIN PROFESSOR IN AFRIKA

In dieser Situation kam Professor Bernhard Grzimek mit seinem Sohn Michael auf die Idee, mithilfe eines Flugzeugs die Gnus zu zählen und ihre Wanderrouten zu erforschen. Erst dann sollte über die endgültige Grenzziehung des Parks entschieden werden. Bernhard und Michael Grzimek zählten nicht nur Tiere und untersuchten Pflanzen, sondern sie drehten auch einen Film, der später in den USA sogar einen Oscar gewann: *Serengeti darf nicht sterben*. Der Film und das gleichnamige Buch (das mich als Junge so begeisterte) machten das abgelegene Gebiet mit seinen wunderbaren Tierherden auf einen Schlag in aller Welt bekannt. In den letzten Arbeitstagen stürzte Michael Grzimek mit seinem Flugzeug ab. Das war ein furchtbarer Schlag für seinen Vater, der aber in seinem Einsatz für die Serengeti nicht nachließ. Als Leiter der Zoologischen Gesellschaft Frankfurt sammelte Professor Grzimek in den folgenden Jahrzehnten in den Industrieländern viel Geld für den Naturschutz in Ostafrika.

Allerdings wurden nicht alle Empfehlungen Bernhard Grzimeks für die Grenzziehung der Serengeti umgesetzt. Gegen seinen Rat trennte man das Ngorongoro-Gebiet von der Serengeti ab und fügte dafür im Norden Land hinzu, das bis an die Grenze zu Kenia reichte und den Park mit dem dortigen Masai-Mara-Reservat verband. Wie sich Jahrzehnte später zeigte, war das eine sehr glückliche Entscheidung.

Rechts: Seit den frühen sechziger Jahren ist die Zoologische Gesellschaft Frankfurt entscheidend am Schutz der Serengeti beteiligt. Flugzeuge sind dabei seit den Tagen von Prof. Grzimek unverzichtbar.

Großes Bild: Die Region südlich der Serengeti ist monatelang sehr trocken und deshalb dünn besiedelt. Der Natron-See liegt wie seit Jahrtausenden in einer fast unberührten Wildnis.

FRANKFURT ZOOLOGICAL SOCIETY
5H-ZGF

DER AUFSTIEG DER GNUS

Neben der Ausweisung des Nationalparks war ein weiteres wichtiges Ziel die Bekämpfung der Rinderpest. Auch bei den Gnus führte die Seuche zu einer hohen Sterblichkeit bei den Jungtieren: Nur jedes vierte Kalb überlebte. Durch Impfungen der Viehbestände bekamen die Tierärzte die Sache aber in den Griff. Im Jahr 1963 war die Seuche besiegt, und die Überlebensrate von Gnujährlingen stieg rasch. Damit begann eine Entwicklung, die die Serengeti zu dem machte, was sie heute ist: dem einzigen tropischen Ökosystem, in dem noch großräumige Tierwanderungen stattfinden, wie sie sonst auf unserem Planeten schon lange nicht mehr möglich sind.

Von 1960 bis 1980 verzehnfachten sich die Gnubestände fast: von weniger als 200 000 auf eineinhalb Millionen. Da die vielen Tiere natürlich Futter und Wasser brauchten, zogen sie immer weiter auf Nahrungssuche herum, auch in die Grenzgebiete zu Kenia, die sie vorher kaum genutzt hatten. Der nördliche Teil ernährte nun in der Trockenzeit immer mehr Tiere, zumal der Fluss Mara dort das ganze Jahr über Wasser führt. Bald drängten Gnus in immer größeren Scharen in das kenianische Masai-Mara-Reservat. Weil es dort fast dreimal so viel regnet wie in der südlichen Serengeti, fanden die vielen hungrigen Mäuler reichlich Gras und Wasser, das ihnen über die alljährlichen Notzeiten half. Niemand hatte das vorhergesehen oder gar »geplant« – es war allein dem glücklichen Umstand zu verdanken, dass die nördliche Ergänzung zufällig zur Verfügung stand.

Deshalb sind die neuen Pläne der tansanischen Regierung so beunruhigend. Denn quer durch den inzwischen lebenswichtigen Norden der Serengeti soll ab 2012 eine große Fernstraße gebaut werden. Die Folgen können verheerend sein und langfristig sogar den Zugang der Herden zum Mara-Fluss verhindern. Dies würde die Zahl der Gnus wieder drastisch sinken lassen.

Nachdem die Rinderpest besiegt war, stieg die Zahl der Gnus in der Serengeti auf eineinhalb Millionen an. Sie durchwandern heute ein Gebiet von etwa 25 000 Quadratkilometern und nutzen dabei auch Gebiete außerhalb der Serengeti.

1. GÖTTERBERGE IM MONSUN

Das Kraterhochland von Tansania gehört zwar nicht zum Serengeti-Nationalpark, es hat aber eine große Bedeutung für das Schutzgebiet. Die Gestalt der Serengeti, ihre Lebensfülle und die Wanderung der Gnus hängen eng mit den Vulkanen des Hochlands zusammen. Die Vulkane entstanden aus Bewegungen der Erdkruste, die vor rund 25 Millionen Jahren begannen und bis heute andauern. Ihre fruchtbare Asche bildete die Grundlage für die üppigen Weiden zu ihren Füßen. Doch das Bergmassiv zwingt auch allem Leben in den Ebenen seinen unerbittlichen Rhythmus auf, denn es prägt sehr stark das Klima im Windschatten der Krater.

Das Hochland und seine Umgebung ist die Heimat der Masai. Ihr wichtigstes Heiligtum ist einer der jüngsten Vulkane: Der Ol Donyo Lengai. Nach dem Glauben der Hirten wohnt dort ihre höchste Gottheit Engai. Und wie Götter so sind: Sie geben und nehmen, ohne nach den Folgen zu fragen.

Der Ol Donyo Lengai ist der einzige zur Zeit aktive Vulkan des tansanischen Kraterhochlandes. Er gilt den Masai als heiliger Sitz des Gottes Engai.

FEURIGES ERBE

Vor 20 bis 25 Millionen Jahren zerriss in Ostafrika die Erdkruste. Entlang einer langen Spalte, die vom Roten Meer im Norden bis nach Simbabwe im Süden Afrikas verlief, löste sich ein großer Splitter von der afrikanischen Kontinentalplatte. Die Spalte weitet sich bis heute etwa so schnell aus, wie Fingernägel wachsen, nämlich einige Zentimeter im Jahr. Wenn zwei Platten der Erdkruste auseinanderdriften, sinkt der Boden zwischen ihnen ab und die Plattenränder, vom Gewicht befreit, heben sich an. Wo sich die Bruchlinien tief ins Gestein fortsetzen, kann Lava in Spalten und Ritzen aufsteigen, und es bilden sich Vulkane. Genau das geschah im Kraterhochland in mehreren Schüben. Vom ersten Grabenbruch ist heute am Eyasi-See nur noch ein kurzes Stück zu erkennen, eine bis zu 1000 Meter hohe Steilwand. Der größte Teil der ursprünglichen Wand wurde allerdings unter den Lavamassen der vielen Vulkane begraben, die sich vor 15 Millionen Jahren an der riesigen Erdverwerfung bildeten. Die Feuerberge von damals haben sich längst beruhigt, beherrschen aber noch immer das Landschaftsbild der südlichen Serengeti.

Spätere Vulkanaktivität schuf den mächtigen Ngorongoro, der vor zweieinhalb Millionen Jahren mit etwa 5000 Metern Höhe fast so hoch war wie der Kilimandscharo. Auch er ist inzwischen erloschen. Als keine Lava mehr nachkam und die vielen Hohlräume im Berginneren das Gewicht des Riesen nicht mehr tragen konnten, brach der Ngorongoro zusammen. Es entstand eine »Caldera«, eine flache Mulde, deren Form noch die Basis des früheren Berges nachzeichnet. Es ist übrigens der größte zusammenhängende Einbruchkrater der Welt, fast kreisrund und mit einem Durchmesser von etwa 20 Kilometern. In ähnlicher Weise stürzten auch andere Vulkane ein. Beispielsweise ließ der Empakai eine wunderschön gleichmäßige Caldera zurück, die heute zu einem Drittel mit einem tiefen See ausgefüllt ist.

Seit zwei Millionen Jahren findet eine zweite Grabenbruchabsenkung statt. Deren Steilwand grenzt das Kraterhochland heute nach Südosten ab. Diese zweite Absenkung ließ die bislang letzten beiden Vulkane aufsteigen, den Kerimasi und den noch aktiven Lengai.

Bei Ausbrüchen des Lengai wird die Asche weit in die Ebenen der Serengeti geweht und bedeckt die Region dann wie ein schwarzes Tuch. Diese Asche formte die südlichen Grasländer des Nationalparks.

Viele alte Vulkane brachen zusammen, als sie ausgeglüht waren, und hinterließen fast kreisrunde Einsturzkrater. Im Empakai hat sich ein tiefer Kratersee gebildet. Im Hintergrund ragt der Lengai empor.

Die Berge des Kraterhochlandes tragen dichten Nebelwald. Lange Bartflechten an den Bäumen fangen den Nebel auf.

Wo sich die Bruchlinien tief ins Gestein fortsetzen, kann Lava in Spalten und Ritzen aufsteigen, und es bilden sich Vulkane.

FÖHN ÜBER DER SERENGETI

Berge haben einen starken Einfluss auf das Klima ihrer Umgebung. Das liegt daran, dass aufsteigende warme Luft an den hohen Bergflanken abkühlt. Weil aber warme Luft viel mehr Wasser aufnehmen kann als kalte, wird das mitgeführte Wasser oben in der Kälte wieder freigesetzt: Es bilden sich Nebeltropfen. Das sind die Wolken, die man an klaren Tagen an hohen Gipfeln schweben sieht. Wenn viel Wasser in den warmen Schwaden gelöst ist, beginnt es dort oben sogar zu regnen. Auf das umliegende Land wirkt das, als würde der Berg wie ein Schwamm den meisten Regen der Gegend aufsaugen, so dass ringsum weniger ankommt. Denn das Wasser, das im Gebirge einmal gefallen ist, fehlt nun in der Luft, die herabsinkt und sich dabei wieder aufwärmt. Die herabsinkende Luft ist also viel trockener, als sie noch beim Aufsteigen auf der anderen Seite der Höhen war. Dieser Effekt macht bei uns in Deutschland wetterfühligen Menschen das Leben in »Föhnwetterlagen« schwer, beispielsweise am Alpenrand.

Bei den meisten ostafrikanischen Bergen kommt noch etwas anderes dazu: Der Wind weht monatelang immer aus derselben Richtung! So bringt der Südostmonsun die feuchtwarme Luft vom Indischen Ozean ins Landesinnere. Das führt dazu, dass sich der Regen überwiegend auf der Südostseite hoher Bergzüge bildet. Auf der anderen Seite, im Nordwesten, kommt umgekehrt viele Monate im Jahr nur trockene Luft an. Man spricht dann von einem »Regenschatten«. Nach diesem Prinzip schirmen die alten Vulkane des tansanischen Kraterhochlands aufgrund ihrer Lage den Regen leider wirkungsvoll von der Serengeti ab.

In der Regenzeit spielt das zunächst keine Rolle, denn dann führt der Monsun so viel Wasser heran, dass trotzdem viele Wolken über die Berge gelangen und Niederschlag bringen. Wenn der feuchte Wind aber nachlässt, kommt plötzlich im Grasland direkt unter den Vulkanen so gut wie kein Schauer mehr an. Das Bergmassiv selbst kann dann noch immer in dichte Nebelschwaden gehüllt sein.

Fährt man vom Südosten auf das Kraterhochland zu, ragt die Steilwand des jüngsten Grabenbruchs an die 500 Meter auf. Bei klarem Wetter sieht man dahinter Stufe um Stufe die Vulkane bis zum 3648 Meter hohen Lolmalasin aufsteigen. Doch meist wogen Wolkenfetzen über dem

▲ Sobald die Monsunwinde nachlassen, kommt kaum noch Feuchtigkeit über die Vulkane. Die Flanken der beiden jüngsten Vulkane, Kerimasi (links) und Lengai (rechts), liegen dann trocken und kahl in den herabsinkenden Föhnwinden.

▶ Die Monsunwinde bestreichen das Hochland von der Südostseite, wo ein üppiger Bergwald entstand. Hier ragt die Bruchlinie des Ostafrikanischen Grabens fast 500 Meter steil empor.

◀ Das Land im Regenschatten der Vulkane ist staubig und karg. Nur wenige Menschen leben hier.

Wenn viel Wasser in den warmen Schwaden gelöst ist, beginnt es dort oben sogar zu regnen. Auf das umliegende Land wirkt das, als würde der Berg wie ein Schwamm den meisten Regen der Gegend aufsaugen, so dass ringsum weniger ankommt.

üppig grünen Wald, der fast jeden Tag von Nebel oder Regen verwöhnt wird. Auf dieser Seite des Massivs ist das Vorland dicht besiedelt. Fruchtbare Böden und regelmäßige Niederschläge lassen eine ergiebige Landwirtschaft zu.

Ganz anders sieht es auf der anderen Seite aus, wo das Bergland zur Serengeti hin abfällt. Kaum ist die Regenzeit vorbei, liegen dort ab Juni die Flanken der Vulkane dürr und gelb in der Hitze. Hier ist keine Landwirtschaft möglich. Nur genügsame Schafe und Ziegen können von den Masai in der Trockenzeit am Fuß der Berge gehalten werden.

Nach den letzten Ausbrüchen 2007 und 2008 hat der Berg sich wieder beruhigt. Es faucht nur noch Gas aus mehreren Schlünden. Die erstarrte Lava leuchtet weiß bis hellgrau.

Vom Herbst 2007 bis Sommer 2008 spuckte der Lengai wieder Lava und Asche aus.

In der aufgehenden Sonne leuchtet die Grabenbruchkante. An dieser Bruchlinie stieg Lava auf und bildete den Vulkan Lengai, von dem das Bild aufgenommen wurde.

Für Besteigungen des Lengai bricht man mitten in der Nacht auf, weil es tagsüber zu heiß wird. Die letzte Etappe ist sehr steil, und nach den Ausbrüchen sind die Flanken mit weißer, körniger Asche bedeckt.

LENGAI – UNRUHIGER GÖTTERSITZ

RINGSUM TIEFSCHWARZE NACHT. Im Lichtkegel der Kopflampen rieseln weiße Flocken. Der lockere Boden gibt bei jedem Schritt nach, und ich rutsche den bewältigten Weg zur Hälfte wieder zurück. Vor mir setzt Bura bedächtig einen Fuß vor den anderen. Er weiß seine Kraft einzuteilen, schließlich hat er diesen Aufstieg schon mehr als fünfzigmal gemacht. Plötzlich liegt ein merkwürdiger Ton über uns, wie aus einer anderen Welt. Höre ich es tatsächlich, oder spielen mir meine erschöpften Sinne einen Streich? Mein ganzer Körper schwingt, auch Bura schaut auf. Ein unwirklich tiefes, kaum hörbares Dröhnen ist zu spüren. Unter unseren Füßen scheint der Berg zu zittern. Für unsere Ohren nicht mehr hörbare, langsame Schwingungen verbreiten sich mit einem Schalldruck, der Magen und Leber beben lässt. Tief unter uns haben sich Gasmassen schlagartig einen Weg nach oben gebahnt. Einige Minuten nach dem kleinen Erdbeben und der Druckwelle ist die Luft von Gas erfüllt. Der stechende Schmerz von Schwefel in der Lunge ist unerträglich. Wir müssen umkehren.

Zwei Monate später bin ich wieder am Fuß des Lengai, aber an eine Besteigung ist nicht zu denken. Alle fünf bis sieben Stunden steigen gewaltige Rauchwolken in bis zu 10 000 Meter Höhe auf. Schwarze Aschefahnen ziehen mit dem Wind nach Nordwesten in Richtung Serengeti. Der Lengai bricht aus wie schon seine feurigen Vorfahren vor 15 Millionen Jahren. Der Lengai ist ein ganz besonderer Vulkan. Er spuckt als einziger tätiger Vulkan der Welt Karbonatitlava aus. Diese Lava hat einen hohen Kohlenstoffanteil und wird höchstens 590 °C heiß, ist dabei aber fast so dünnflüssig wie Wasser. Tagsüber wirkt sie einfach nur schwarz. Nur in völliger Dunkelheit ist ein schwaches Glühen zu erkennen. Wenn diese Lava erstarrt, wird sie weiß. Frische Lavaflächen sehen deshalb aus, als sei gerade Schnee gefallen.

DIE MASAI

Das Land unter den Vulkanen gehört zu den Kerngebieten des stolzen Masai-Stammes. Sie sind die am besten bekannte ostafrikanische Volksgruppe. Jeder hat sie schon einmal gesehen, die groß gewachsenen schlanken Gestalten mit den stolzen, fein geschnittenen Gesichtern.

Gehüllt sind sie in farbenprächtige *shukas*, Tücher, die sie lässig wie eine römische Toga um den Körper schlingen. Über der Schulter tragen sie den langen Speer, in der Hand die Wurfkeule. Man hört oft, die Masai seien unempfänglich für die Verlockungen der Zivilisation. Sie zögen mit ihren Herden durch die Wildnis, tränken Milch und Blut und lebten in Frieden mit der Natur. Doch stimmt das alles?

Tatsächlich pflegen die Masai ihre Traditionen stärker als viele andere Stämme. Dazu wird ihre Lebensweise von außen häufiger wahrgenommen, weil sie in der Nähe der Touristenziele leben, bei den Nationalparks. Deshalb wurden sie bei uns zum Inbegriff der ostafrikanischen Völker.

In der Nähe der Vulkane war ihre alte Lebensweise als Nomaden besonders wichtig. In der Regenzeit ging es weit hinaus auf die fruchtbaren Ebenen, wo ihr Vieh sich die nötigen Fettpolster anfressen konnte. In der Trockenzeit zogen sie zurück zu den Bergen, wo sie genügend

Die Masai sind sehr traditionsbewusst. Die meisten Familien leben noch immer in den traditionellen Hütten aus Lehm und Dung.

Den Masai gilt Vieh als Symbol des Reichtums. Große Teile des Stammesgebiets sind inzwischen aber stark überweidet.

Immer mehr Masai passen sich heutigen Lebensweisen an. Auf Märkten versorgen sie sich inzwischen mit zusätzlichen Lebensmitteln und Bedarfsgütern.

Man hört oft, die Masai seien unempfänglich für die Verlockungen der Zivilisation. Sie zögen mit ihren Herden durch die Wildnis, tränken Milch und Blut und lebten in Frieden mit der Natur. Doch stimmt das alles?

Wasser und etwas Gras vorfanden, um über die Notzeit zu kommen. Die Hirten leben in *bomas*. Das sind kleine Siedlungen aus Reisighütten, die mit Lehm und Dung abgedichtet werden und von stachligen Dornenhecken geschützt sind. Diese Unterkünfte wurden früher selten länger als ein paar Monate genutzt – dann zog man weiter. Das hat sich längst geändert. Die Bevölkerung hat sich seit Gründung der Serengeti mehr als verdoppelt. Die meisten Siedlungen werden heute nicht mehr verlegt und verbesserte Tiermedizin hat die Viehbestände schnell anwachsen lassen. Durch die starke Beweidung der Masai-Gebiete ist der Wildbestand dort inzwischen deutlich zurückgegangen. Man kann das den Masai nicht zum Vorwurf machen, denn natürlich wollen sie ihre Kinder auch in die Schule schicken, wollen auch Krankenstationen, Straßen und Brunnen. Längst essen viele von ihnen Mais und Gemüse wie andere Stämme auch. Es gibt kein Zurück zu den menschenleeren Grassavannen Ostafrikas, in denen noch vor 100 Jahren ein paar Hirten »im Einklang mit der Natur« lebten.

UNTER GEIERN

Die Gol-Berge, die in Sichtweite des Kraterhochlands liegen, haben mit der Vulkanentwicklung in der Region nichts zu tun. Es gab sie schon, als die Grabenbildung begann. Viele Millionen Jahre nagte die Erosion an ihnen. Wasser und mitgeführte Geröllmassen, Hitze und Kälte haben aufregende Schluchten in das alte Gestein gemeißelt.

Auf den senkrecht abfallenden Klippen finden Sperbergeier gute Brutmöglichkeiten, denn hier oben sind ihre Jungen sicher vor Räubern. Junge Geier hocken monatelang auf den Nestern, bis sie zu ihrem ersten Flug aufbrechen. Da zahlt es sich aus, sie sicher unterzubringen.

Wenn die Herden in der Trockenzeit nach Westen und Norden wandern, müssen die Geier immer weitere Wege zurücklegen, um ihren Nachwuchs satt zu bekommen. Hunderte von Kilometern legen sie dann auf der Suche nach Aas zurück, bis sie schließlich mit vollem Kropf zur Fütterung zurückkehren. Andere Fleischfresser lassen sich auf so lange Wege nicht ein, weil sie viel zu viel Energie verbrauchen würden. Aber Geier sind hervorragende Segler, die mit wenigen Flügelschlägen stundenlang in der Luft gleiten können. Sie lassen sich von warmer, aufsteigender Luft ohne eigenen Kraftaufwand in die Höhe tragen und segeln von einer »Thermik« zur nächsten. Das sind aufsteigende Warmluftsäulen, in denen die Geier die verlorene Höhe wieder wettmachen können.

Stellen wir uns einmal vor, wie ein Geier die Luft »liest«: Er spürt jeden kleinen Wirbel, und der kleinste Auftrieb gibt ihm zu verstehen, wo er ohne eigene Kraft

◂ Auf den Klippen der Gol-Berge brüten Sperbergeier. In der Regenzeit weiden Herden direkt vor der Schlucht, aber in den trockenen Monaten müssen Geier viele hundert Kilometer fliegen, um Futter zu finden.

▴ Geier können ohne Kraftaufwand weit fliegen und sie haben extrem scharfe Augen. Selbst aus mehreren tausend Metern Höhe erspähen sie Beute.

▸ Haben Geier einen Kadaver gefunden, gilt es keine Zeit zu verlieren: Sie kommen in rasanten Sturzflügen fast senkrecht vom Himmel und bremsen erst auf den letzten Metern ab.

höher kommt. Dazu hat er hervorragende Augen, die fast wie ein Fernglas wirken – der Geier erkennt damit aus über zwei Kilometer Höhe jeden Kadaver! Wir Menschen können mit bloßem Auge einen Vogel, der in dieser Höhe fliegt, gar nicht mehr sehen.

Oft hört man, Geier kreisten in großen Scharen über einem toten oder sterbenden Tier. Das stimmt nicht. Hat ein Geier einen Kadaver entdeckt, verliert er keine Zeit. Sofort geht er in einem fast senkrechten Sturzflug nach unten, um möglichst viele Happen zu ergattern.

Geier beobachten im Flug mit ihren scharfen Augen ständig, was die anderen so treiben. Wenn einer an Höhe verliert, weil er etwas Lohnendes entdeckt hat, folgen ihm die anderen sofort. Sie fallen dann wie Steine vom Himmel, und ein lautstarkes Rauschen und Fauchen, Keckern und Zischen bricht los. Neben den Geiern gibt es ja auch noch die Konkurrenz am Boden, denn Schakale, Hyänen und Löwen halten ebenfalls Ausschau nach Geiern im Landeanflug und machen sich sofort auf den Weg, um den Vögeln die Reste streitig zu machen.

Es ist also kein Wunder, dass Geier es sehr eilig haben. Nur wenn schon größere Raubtiere vor Ort sind, lassen sie sich Zeit, denn an die wagen sie sich nicht heran. Aber auch in diesem Fall kreisen sie nicht über dem Aas, sondern lassen sich in der Nähe nieder und warten – sehr zum Ärger von Geparden oder Löwen, denn landende Geier signalisieren allen Fleischfressern weit und breit, dass es etwas zu holen gibt. Geparde oder einzelne Löwen können so schon einmal den Lohn ihrer Jagd an eine Meute hungriger Hyänen verlieren.

Die meisten Geier beginnen in der Regenzeit, also im April oder Mai, mit dem Brutgeschäft. Dann müssen sie nicht so weit fliegen, sondern finden gewissermaßen »vor der Haustür«, auf den üppig grünen Weiden unter den Vulkanen, einen reich gedeckten Tisch.

2. SIRINKET – DAS WEITE LAND

Als die Masai die Weiden unterhalb der Vulkane für sich eroberten, nannten sie die Gegend Sirinket, »weiter, offener Platz«. Europäer machten dann später »Serengeti« daraus. Weit ist das Land wirklich: Von Horizont zu Horizont erstreckt sich eine Ebene, flach wie ein Tisch. Hier wachsen kaum Bäume und Sträucher – wo man hinsieht, nur Gras. Für die Hirten waren das traumhafte Weiden. Doch der Begriff »weites Land« hatte auch eine zweite Bedeutung, denn in der Trockenzeit mussten die Masai weit mit ihren Herden umherziehen, um noch Wasserlöcher zu finden. Jedes Jahr von Dezember bis Mai trifft sich hier die großartigste Ansammlung von Antilopen und Zebras, die es heute noch auf der Welt gibt. Fast zwei Millionen Großtiere ziehen dann über die üppig grünen Ebenen. Doch wenn ab Juni der heiße Föhn von den Vulkanen herüberweht und das Land austrocknet, sind die Herden in wenigen Wochen verschwunden.

Endlose Grasländer prägen die Landschaft der südlichen Serengeti. Die Masai nannten diese Region »Sirinket« »weites Land«. Daraus wurde später der Name Serengeti.

WUNDERPFLANZE GRAS

Es ist eigentlich überraschend, dass im Süden der Serengeti fast nur Gras wächst. Erst 100 Kilometer weiter nordwestlich geht das Grasland in Busch und lichte Wälder über. Woran liegt das? Auch hier spielten die Vulkane eine wichtige Rolle. Wenn sie ausbrachen, trieb der Wind Unmengen feiner Asche in die Gegend, die heute von Gras bedeckt ist. So entstand einerseits die flache Geländeform, andererseits wurden die Ebenen sehr fruchtbar. Unter der Oberfläche passierte aber noch etwas: Die feinen Aschepartikel wurden vom Regen ausgewaschen und sammelten sich in 30 bis 50 Zentimeter Tiefe an. Dort verkrusteten sie und bildeten eine betonharte Schicht, durch die keine Wurzel dringen kann. Deshalb können Bäume und Büsche hier nicht Fuß fassen. Gras dagegen hat flache Wurzeln und kann problemlos gedeihen.

Die meisten Menschen halten Gras für eine ziemlich alltägliche und einfache Pflanze. Dabei hat es ganz ungewöhnliche Fähigkeiten. Gras gibt es noch gar nicht so lange, denn die Grassavanne entwickelte sich auf der Erde erst vor 20 bis 30 Millionen Jahren. Als die Dinosaurier auf der Erde herumtrampelten, gab es also noch gar kein Gras!

Ohne die unscheinbaren Halme wäre das Wunder der Serengeti nicht möglich, denn sie können etwas ganz Besonderes. Während Blumen, Büsche und Bäume weit oben wachsen, dicht unter der Spitze der Pflanze, wächst Gras von unten: Dort teilen sich die Zellen und schieben immer neue Blätter nach. Das ist ein wichtiger Unterschied. Denn schneidet man eine Blume oben ab, dauert es sehr lange, bis ein neuer Trieb wächst, wenn überhaupt einer nachkommt. Schneidet man dagegen vom Gras die oberen Teile ab, wächst es fröhlich weiter, weil seine Wachstumszone ja dicht am Boden liegt. Gras kann also, wenn es genügend Wasser bekommt und ausreichend gedüngt wird, enorme Mengen an Nährstoffen erzeugen, auch wenn es stark beweidet wird. Man hat ausgerechnet, dass in der Regenzeit auf einem Quadratkilometer Grasland bis zu 1000 Gnus satt werden!

Gras hat erstaunliche Fähigkeiten. Es wächst bei starker Beweidung schnell nach und produziert enorme Mengen an Nährstoffen.

In der Regenzeit bieten die Weiden direkt unterhalb des Kraterhochlandes besonders nährstoff- und mineralreiches Futter. Dies ist vor allem für die vielen Tiere wichtig, die jetzt ihre Jungen bekommen.

Folgende Doppelseite: Im April liegt der Ndutu-See in strahlend grünem Land. Sein Wasser ist aber auch in der Regenzeit nicht trinkbar, da es sehr viele Sodasalze enthält.

Die feinen Aschepartikel wurden vom Regen ausgewaschen und sammelten sich in 30 bis 50 Zentimeter Tiefe an. Dort verkrusteten sie und bildeten eine betonharte Schicht, durch die keine Wurzel dringen kann. Deshalb können Bäume und Büsche hier nicht Fuß fassen. Gras dagegen hat flache Wurzeln und kann problemlos gedeihen.

GNUS – DIE WAHREN HERRSCHER DER GRASSAVANNE

Gnus sind mit ihrem breiten Maul besonders gut daran angepasst, dichte Grasschwarten »abzumähen«. Sie stören sich auch nicht daran, in dicht gedrängten Herden zu leben. Wenn sie eine Gegend kahl gefressen haben, sind sie zäh genug, lange Strecken ohne Futter zurückzulegen, bis sie wieder frischen Weidegrund finden. Solange Regen fällt, kreisen sie monatelang über die südlichen Ebenen. Dabei ernten sie manche Gebiete sogar mehrmals ab, denn sie teilen sich auf: Weil eineinhalb Millionen Tiere in einer Herde zu viel wären, streifen die Gnus in kleineren Herden herum. Man kann deshalb nie genau vorhersagen, wo sie in einem bestimmten Monat gerade sein werden.

Das Gras der Südserengeti birgt aber noch ein besonderes Geheimnis: Es ist gewürzt mit einem Mineralcocktail, den die anderen Grassteppen nicht haben. Kalzium und Phosphor sowie kleine Mengen anderer

Ungefähr 1,3 Millionen Gnus ziehen durch die Serengeti. Selten sieht man aber so große Ansammlungen wie hier.

Gnus müssen jeden Tag trinken. Wenn die Wasserstellen austrocknen, verlassen sie den Süden der Serengeti.

Das Gras der südlichen Serengeti enthält viele Mineralien, die für säugende Mütter besonders wichtig sind. Deshalb kommen die Herden für die Zeit der Geburten hierher.

Das Gras der Südserengeti birgt aber noch ein besonderes Geheimnis: Es ist gewürzt mit einem Mineralcocktail, den die anderen Grassteppen nicht haben. Kalzium und Phosphor sowie kleine Mengen anderer vulkanischer Elemente ergeben eine Mischung, die besonders gut für trächtige Tiere ist.

vulkanischer Elemente ergeben eine Mischung, die besonders gut für trächtige Tiere ist. Wenn im Bauch eines Weibchens ein Junges heranwächst, muss die werdende Mutter ihm viele Mineralien bereitstellen. Kann sie diese Stoffe nicht ausreichend mit der Nahrung aufnehmen, muss sie sie ihrem Körper entziehen. Dann wird sie schwach und gibt später auch nicht so viel Milch. Deshalb ist es für die Gnus so wichtig, dass sie gerade in der Zeit der Geburten in die Südserengeti wandern, um dort das würzige Gras zu fressen.

Im Januar und Februar kommen die kleinen Gnus auf die Welt – fast eine halbe Million Kälber in nur drei Wochen! Es gibt dann so viele Jungtiere, dass die Räuber nur einen winzigen Bruchteil von ihnen erlegen können. Das ist ein ziemlich schlauer Trick, denn verstecken können die Gnus ihren Nachwuchs nicht. Weil Gnus ständig unterwegs sind, müssen die Kleinen der Mutter gleich nach der Geburt folgen können. Nach spätestens zehn Minuten sind sie auf den Beinen, und schon am Abend des ersten Tages laufen sie munter mit der Herde mit.

Das machen den Gnus nur wenige Tiere nach, beispielsweise die Zebras, deren Fohlen ebenfalls schon nach dem ersten Tag flink auf den Hufen sind. Zebras bringen ihren Nachwuchs jedoch über viele Monate verteilt zur Welt, ebenso wie die meisten Gazellen und Antilopen. Bei denen versteckt sich das Junge in der Nähe der Mutter und rührt sich nicht vom Fleck. In den ersten Wochen nach der Geburt wird es immer nur kurz zum Säugen aufgesucht und liegt dann wieder stundenlang still. Entdeckt es ein Räuber, so ist es verloren.

Die kleinen Gnus dagegen rennen schon wenige Tage nach der Geburt ausgewachsenen Hyänen davon.

▲ Der Ausgang des Wettlaufs zwischen Jäger und Gejagtem ist jedes Mal offen. Thomson-Gazellen laufen fast genauso schnell wie Geparde.

► Eine Geparden-Mutter hat mit ihren Jungen ein halbwüchsiges Gnu gerissen. Erwachsene Gnus werden von Geparden-Weibchen nicht mehr angegriffen.

◄ Kitze verstecken sich in den ersten Wochen. Werden sie entdeckt, können sie nicht entkommen, weil sie noch nicht schnell genug sind.

Bei Gazellen und Antilopen versteckt sich das Junge in der Nähe der Mutter und rührt sich nicht vom Fleck. In den ersten Wochen nach der Geburt wird es immer nur kurz zum Säugen aufgesucht und liegt dann wieder stundenlang still. Entdeckt es ein Räuber, so ist es verloren.

KOPJES

Kopjes bestehen aus sehr altem Granit. Sie sind gute Aussichtsposten im flachen Gelände, und an ihnen wachsen viele Pflanzen, die es im Grasland nicht gibt. Deshalb beherbergen sie eine reiche Tierwelt.

WIE RIESIGE VERSTREUTE MURMELN ragen an einigen Stellen abgerundete Felsbrocken aus dem Land: die Kopjes. Sie sind uralt, entstanden vor über 500 Millionen Jahren – damals hatten die ersten Lebewesen auf der Erde noch nicht einmal das Meer verlassen! Kopjes gibt es weit über die Serengeti verstreut, aber in den flachen Grasebenen fallen sie besonders auf. Und hier spielen sie auch eine wichtige ökologische Rolle: Auf und an den Felsen wachsen zahlreiche Pflanzen, die draußen im Grasland nicht wurzeln können. Deshalb leben hier viele Tiere, die es ohne die Kopjes im Süden der Serengeti nicht gäbe: Die rot leuchtenden Blüten der Aloen bieten Nektarvögeln süßen Trank, die bunten Siedleragamen, kleine Echsen, wärmen sich auf den Felsen, Eulen finden unter schattigen Zweigen einen Tagesunterschlupf, zierliche Klippspringer, graue Böckchen kaum höher als ein Schäferhund, balancieren auf gummiartigen Hufen über steile Grate. Es gibt sogar eine Schildkröte, deren Körper so flach ist, dass sie sich in tiefe und enge Spalten zwängen kann, wo kein Feind sie erwischen kann. Besonders auffällig sind für Besucher die neugierigen Busch- und Klippschliefer, die wie kleine Murmeltiere aus den Spalten hervorlugen. Sie müssen vor allem auf den mächtigen schwarzen Kaffernadler achten, der hier sein Jagdrevier hat und gerne Schliefer isst. Kopjes sind in diesem Meer aus Gras wie kleine Inseln der Vielfalt.

Bilder unten, von links nach rechts: Im angewehten Humus wachsen farbenprächtige Blumen wie diese Feuerlilie.

Die kleinen Blütenkelche der Aloen werden von Nektarvögeln bestäubt.

Ein Buschschliefer wärmt sich in der Morgensonne. Die kleinen Tiere brauchen gleichmäßige Temperaturen, die sie zwischen den Felsen finden.

DER GROSSE AUFBRUCH

Ab Ende Mai kommt immer weniger Feuchtigkeit über die Berge. Das Gras wird gelb und trocken, die Quellen sprudeln spärlicher, und das letzte Wasser in den Bachläufen wird immer salziger. Die vielen Einzelherden ziehen allmählich von den Bergen fort nach Norden und Westen, wo es noch frisches Gras und einige Wasserstellen gibt. An manchen Tagen bilden sich kilometerlange Kolonnen. So weit das Auge reicht trotten Gnus in ihrem kraftsparenden Schaukelpferdgalopp dahin. Sie können stundenlang so laufen, ohne außer Atem zu kommen.

Da immer ein Tier hinter dem anderen bleibt, entstehen tief ausgetretene Pfade, die in einigen Gebieten sogar jedes Jahr wieder benutzt werden. Diese Marschordnung hat den Vorteil, dass Gnus in wesentlich weniger Raubtiere hineinlaufen, als wenn sie in breiter Front daherkommen würden. Weil Gnus die Augen zudem seitlich am Schädel haben, sehen sie zu beiden Seiten hervorragend. Das erschwert es Löwen, unbemerkt an so eine Marschkolonne heranzukommen.

Auch Zebras und Thomsongazellen verlassen die Grassavanne im Süden, fallen aber, da sie keine Herden bilden, auf dem Marsch weniger auf. Zurück bleiben alle Tiere, die nicht wandern können. Auf sie kommen harte Monate zu, in denen manchmal kein Tropfen Regen fällt.

Wenn im Juni das Land auszutrocknen beginnt, verlassen die Herden die südliche Serengeti.

Wenn die Herden sich in Marsch setzen, ist oft noch reichlich Gras vorhanden. Entscheidend ist die Wasserversorgung.

Drei starke Geparden-Männchen haben ein ausgewachsenes Gnu gerissen.

An manchen Tagen bilden sich kilometerlange Kolonnen.
So weit das Auge reicht trotten Gnus in ihrem kraftsparenden Schaukelpferdgalopp dahin.
Sie können stundenlang so laufen, ohne außer Atem zu kommen.

ALLEIN ZU HAUS

In der Tierwelt gibt es Spezialisten, denen Dürre nicht viel ausmacht. Grant-Gazellen kommen mit wenig Wasser aus, weil sie eine hohe Körpertemperatur von über 41 Grad ertragen können. Sie müssen sich demnach nicht durch das Verdunsten von Wasser abkühlen. Bei so hohem »Fieber« funktioniert bei den meisten Säugetieren das empfindliche Gehirn nicht mehr richtig. Grant-Gazellen haben deshalb eine raffinierte Kühlanlage in der Nase, die das Blut, das zum Gehirn fließt, etwas abkühlt. Das wenige Wasser, das sie trotzdem brauchen, nehmen sie auf, indem sie ganz früh am Morgen grasen. Dann ist es noch kühl und das Gras feucht von der Nacht. Als Ersatz für Trinkwasser reicht ihnen der Tau.

Auch Strauße verbrauchen wenig Wasser und kommen in der Trockenzeit zurecht. Und sogar Warzenschweine harren auf den kargen Ebenen aus. Sie wühlen mit der harten Schnauze den Boden auf und fressen die Wurzeln der Gräser, die zahlreiche Nährstoffe und auch ein bisschen Wasser enthalten. Warzenschweine halten ebenfalls eine hohe Körpertemperatur aus. Außerdem kühlen sie sich in Suhlen ab, deren Wasser zum Trinken schon längst ungenießbar wäre. Auf diese Weise schaffen es einige, sich im Süden durchzuschlagen. Für die hungrigen Löwen werden sie zu wichtigen »Notrationen« in der Dürrezeit. Die Schweine machen den Verlust mit Kinderreichtum wieder wett: Sie bringen im Jahr viermal mehr Junge zur Welt als Gazellen oder Zebras.

Zwischen den trockenen Halmen wuseln Unmengen von Mäusen, Hasen und Grasratten. Außerdem tummeln sich hier Springhasen, die aussehen wie kleine Kängurus. Nagetiere können etwas Wasser aus ihrem Körperfett gewinnen. Wenn sie darüber hinaus nachts das gelbe, aber feuchtkühle Gras fressen, brauchen sie kaum zu trinken. Die Nagerscharen bieten wiederum kleineren Raubtieren wie Schakalen ein Notauskommen. Dank der Körperflüssigkeit ihrer Beute schaffen es viele kleinere Räuber über die durstige Zeit.

Geparde haben da schon größere Schwierigkeiten. Zwar sind sie geschickte Hasenjäger, doch die sind gar nicht so leicht zu finden. Deshalb ziehen die meisten Ge-

▲ Warzenschweine schaffen es, in dem dürren Land auch die Trockenheit zu überleben. Sie ertragen hohe Körpertemperaturen und ernähren sich von ausgegrabenen Graswurzeln.

▶ Gepardenweibchen streifen weit umher und verlassen in der Dürre den Süden. Die Männchen bleiben dagegen. Sie verteidigen ihr Revier, das sie ungern aufgeben.

pardenweibchen den abwandernden Gazellen hinterher. Wenn sie gerade Nachwuchs haben, müssen auch die Jungtiere dann an manchen Tagen fünf bis zehn Kilometer laufen – eine große Anstrengung für die kurzen Beinchen. Gepardenmännchen dagegen verlassen ihr Gebiet nur ungern. Sie können sich nur fortpflanzen, wenn sie ein Revier erobert haben, und paaren sich mit den Weibchen, die gerade durchziehen. Wenn sie aber ihr Revier verlassen, kann es ein anderes Männchen einfach übernehmen und sie müssten es bei ihrer Rückkehr neu erobern. Da solche Revierkämpfe gefährlich sind, harren die Männchen möglichst lange aus.

Die größten Probleme haben in der Trockenzeit aber ausgerechnet die stärksten Raubtiere: die Löwen.

OLDUVAI: WO EINST DIE FRÜHMENSCHEN LEBTEN

DIE LANDSCHAFT DER SERENGETI ist schon seit Urzeiten besiedelt. In der Olduvai-Schlucht fanden Mary und Louis Leakey vor gut 50 Jahren viele versteinerte Reste von Tieren, aber auch Faustkeile und sogar den Schädel eines Frühmenschen. Ein kleiner Fluss hat hier sein Bett tief durch altes Gestein gewaschen und dabei mehrere Schichten alter Ablagerungen freigelegt, die von oben nach unten immer älter werden. Jedes Mal, wenn im nahen Kraterhochland ein Vulkan ausbrach, legte sich eine Schicht Asche zwischen die Ablagerungen. Da Geologen das Alter von Vulkanasche ziemlich genau messen können, half ihnen diese Asche, das Alter der Fossilien in den Ablagerungen zu bestimmen. So weiß man, dass vor 1,8 Millionen Jahren der »Nussknackermensch« dort lebte, wie man das Urmenschenfossil von Olduvai wegen seines mächtigen Gebisses scherzhaft nannte. Vor allem hat man ein recht genaues Bild davon, wie das Land aussah und welche Pflanzen und Tiere in den letzten zwei Millionen Jahren hier vorkamen. Früher war die Gegend ein flaches, manchmal überschwemmtes Becken, dessen Tierwelt der heutigen sehr ähnlich war. Die ersten Frühmenschen lebten also in einer Umgebung, die fast so aussah wie die Serengeti heute. Als Besucher unternimmt man daher eine Art Zeitreise in die Urzeit!

In der verwitterten Olduvai-Schlucht sind wichtige Fossilfunde von Frühmenschen gemacht worden. An den Felsen sind die Ablagerungen zu erkennen, die von Vulkanasche unterbrochen sind. Diese Asche hilft, das Alter der Schichten zu bestimmen.

Junge Löwen brauchen lange Schutz, und die Kopjes bieten ihnen gute Verstecke. Wegen ihrer empfindlichen Sprösslinge können die Löwen den Herden nicht folgen.

Hyänen sind aufopferungsvolle Mütter. Sie jagen auch weit außerhalb ihres Reviers.

Die Löwinnen eines Rudels sind alle verwandt. Diese beiden Schwestern spielen miteinander.

LEBEN IM RUDEL

LÖWEN UND HYÄNEN werden in der Serengeti seit 50 Jahren erforscht. Löwenmütter bilden den festen Kern des Rudels, und ihre Töchter bleiben bei ihnen, wenn sie ausgewachsen sind. Die Söhne müssen die Gruppe dagegen verlassen. Die stolzen Mähnenlöwen versuchen, eine Gruppe von Müttern zu erobern, indem sie den ansässigen Pascha vertreiben. Das gelingt besser, wenn sich mehrere Löwen zusammentun. Viele Rudel werden deshalb von solchen Bündnissen verteidigt. Die ganze Großfamilie passt auf die Jungen auf, die immer gut ernährt und geschützt werden müssen. Kleine Löwen leben gefährlich. Wehe, wenn sie mutterseelenallein von einer Hyäne oder einem Leoparden überrascht werden. Da alle Fleischfresser um dasselbe Futter konkurrieren, zögern sie auch nicht, sich gegenseitig umzubringen, wenn sie die Chance dazu haben. Löwenrudel können deshalb die Jungen nie allein lassen und den Wanderherden folgen. Ebenso wenig dürften sie einfach so durch ein Nachbarrevier spazieren, denn dessen Besitzer würden sich das energisch verbitten, und die Jungen bekämen das als Erste zu spüren. Löwenrudel im Süden der Serengeti müssen sich deshalb auf eine harte Zeit der Entbehrung einstellen, und in schlimmen Jahren mit anhaltender Dürre kommt es auch vor, dass Löwen verhungern.

Hyänen sind nicht nur Aasfresser, sondern hervorragende Jäger, bessere sogar als die Löwen. Sie leben ebenfalls in Rudeln, die aber anders organisiert sind als die der Löwen. Auch die Jungen der Hyänen sind in Gefahr. Während die Mütter jagen, sind die Kleinen in Erdhöhlen versteckt. Hyänen haben eine besonders nahrhafte Milch. Sie jagen manchmal weit weg von den Höhlen ihrer Jungen und bringen ihrem Nachwuchs anschließend das Futter in Form von Milch. So können sie ein erheblich größeres Gebiet nutzen als die Löwenrudel und den Herden bis zu 50 Kilometer weit folgen.

3. DAS HERZ DER SERENGETI

Wenn man von Süden den Fluss Seronera erreicht, verändert sich das Landschaftsbild auf wenigen Kilometern. In der bis dahin offenen Grassavanne tauchen Büsche auf, vereinzelt ragen schlanke Akazien empor. Bald nimmt dorniges Gestrüpp die freie Sicht auf den Horizont. Waren vorher meist nur der monotone Wind und vereinzelte Rufe von Lerchen zu hören, pulsiert die Luft nun vom Gurren der Tauben, dem Tschilpen der Webervögel, vom Kreischen der Stare oder vom Trillern der bunten Bartvögel. Ein unheimliches Röhren und Röcheln ist hinter dem Laub zu hören, zartgliedrige Antilopen, leuchtend kastanienrot, huschen vorbei. Träumerisch schaut eine samtäugige Giraffe über die Dornenkrone einer Akazie, ein winziges Böckchen erstarrt angespannt unter stachligen Zweigen. Das ist eine völlig andere Welt als die Serengeti der Grassteppe. Eigentlich ist sie sogar typischer für den Nationalpark, denn mehr als die Hälfte der Fläche besteht aus diesem Gebüsch mit seiner bunten Vielfalt.

Buschland bedeckt mehr als die Hälfte der Serengeti. Hier leben viele Tiere, die lieber im Verborgenen bleiben.

DORNIGE VIELFALT

Der Ascheauswurf der Vulkane reicht etwa 100 Kilometer weit. Dahinter wird die harte Kruste im Boden immer dünner, bis wieder überall Wurzeln in tiefere Erdschichten vordringen können. Weil sich der Regenschatten der Berge hier kaum noch auswirkt, fällt auch mehr Niederschlag. So ergibt sich eine völlig andere Landschaft. Da Büsche und Bäume Tieren einen anderen Lebensraum bieten als Gras, kommen hier auch andere Tierarten vor. Vor allem aber unterscheidet sich das Buschland in einem wesentlichen Punkt von den Grassteppen: Es bietet ständig Futter!

Im Süden wachsen einige Monate lang schier unerschöpfliche Mengen Gras, doch wenn die oberen Bodenschichten austrocknen, ist dort so gut wie nichts mehr zu holen. Büsche und Bäume saugen dagegen noch Wasser aus mehreren Metern Tiefe und bilden auch Wochen nach dem letzten Regen frisches Laub. Tiere, die sich von Blättern ernähren, finden hier also noch ein Auskommen, wenn die Grassteppen längst öde und kahl sind.

Die Buschsavanne ist somit das Herz der Serengeti, das stetig schlägt. Wenn der Reichtum der südlichen Ebenen längst vergangen ist, findet sich zwischen den Büschen immer noch ausreichend Gras, um den Herden

Spitzmaul-Nashörner fressen als typische Buschbewohner meistens Laub, gelegentlich aber auch saftiges Gras.

Links: Buschbabys sind Halbaffen. Nachts hüpfen sie mit weiten Sprüngen durchs Gehölz, um Insekten zu fangen.

Rechts: Die winzigen Dikdiks verteidigen als Paar kleine Gebiete gegen andere Dikdiks. Sie sind sehr scheu und können sich im Busch gut verstecken.

ein Überleben zu ermöglichen. So bietet sich Millionen von Dürreflüchtlingen eine Heimstatt. Zudem leben dort mehr Tierarten als in der Grassavanne. Das liegt daran, dass es eine Vielzahl kleiner Lebensräume gibt: Im schattigen Unterholz trocknet der Boden nicht so stark aus, es wachsen unterschiedlichste Sträucher und Kräuter mit lockenden Blüten, Zweigen und Laub. Unmengen von Insekten nagen, saugen oder bohren an den Pflanzen. Zahllose kleinere Fleischfresser, von Ameisen über Singvögel bis hin zu Schleichkatzen, leben von ihnen. Schlangen, Adler und größere Katzen wiederum fressen Kleintiere und mittelgroße Fleischfresser. Und alle finden dazu noch vielfältige Verstecke für Nester und Bauten, um sich oder ihre Jungen zu schützen.

Das Versteckspiel ist hier ohnehin fester Bestandteil des Lebens und Überlebens. Während im Grasland alle Tiere weithin zu sehen sind, können sich in dem Gestrüpp sowohl Jäger als auch Gejagte gut verbergen. Räuber können unvermittelt in nächster Nähe auftauchen – aber die Beute will auch erst einmal entdeckt sein! Das gilt natürlich nicht für so große Tiere wie Giraffen, Büffel oder Nashörner, doch die haben dank ihrer Größe auch nicht viel zu befürchten. Die meisten anderen Tiere sind klein und unauffällig. Die zierlichen Windspielantilopen oder Dikdiks leben beispielsweise scheu und zurückgezogen paarweise im Gestrüpp. Buschböcke, ebenfalls sehr vorsichtige Einzelgänger, verharren regungslos, um nicht entdeckt zu werden. Es gibt eigentlich nur eine Art, die aus diesem Schema fällt – doch die hat dafür auch ein paar Tricks im Ärmel.

GROSS UND KLEIN: SCHLÜSSELARTEN

FRÜHER WAR ES DER STOLZ eines jeden Großwildjägers, die »großen Fünf« zu erlegen: Elefant, Nashorn, Büffel, Löwe und Leopard. Sie galten als Herrscher der Wildnis, die nur schwer zu jagen waren. Heute sieht man die Bedeutung einzelner Arten anders. Oft sind kleine, unscheinbare Arten viel wichtiger als die großen. Man nennt sie »Schlüsselarten«, weil sie in einem Lebensraum eine Schlüsselrolle spielen. Abgesehen von den Elefanten haben die »großen Fünf« keine große Bedeutung für das Gleichgewicht in der Serengeti. Viel wichtiger sind Tiere, die uns kaum auffallen, die es aber in Riesenmengen gibt. Ameisen zum Beispiel verzehren in der Serengeti mehr Fleisch als Katzen und Hyänen, Termiten mehr Gras als die Huftiere. Mit Abstand die häufigsten Raubtiere sind Mangusten, kleine Schleichkatzen, von denen es weit über 100 000 Tiere gibt, die der Mensch aber kaum je zu Gesicht bekommt. Ohne Mangusten wäre die Serengeti von Insekten überschwemmt, ohne Löwen dagegen würde sich nicht viel ändern.

Von links nach rechts:
Kleintiere spielen in der Serengeti eine viel wichtigere Rolle, als den meisten Besuchern klar ist. Termiten verbrauchen mehr Gras als Gnus, Ameisen mehr Fleisch als Löwen. Die häufigsten Raubtiere sind kleine Mangusten die, wie diese Zebramangusten, Insekten erbeuten.

Elefantenherden streifen über Tausende von Quadratkilometern durch das Buschland. Bei Gefahr werden die Kälber in die Mitte genommen.

IM REICH DER IMPALAS

Die Herden von Schwarzfersenantilopen oder Impalas, wie sie in Afrika genannt werden, sind kaum zu übersehen – oder zu überhören, denn die Böcke veranstalten einen Riesenkrach, wenn sie aufgeregt sind. Wie bei den meisten anderen Antilopen haben die Männchen jeweils ein kleines Heimatrevier. Kein anderer starker Bock darf sich dort blicken lassen, wohingegen Weibchen sehr willkommen sind. Die Damen allerdings sind wählerisch und suchen mit ihren Jungtieren vor allem Reviere auf, in denen sie Futter finden und nicht von Halbstarken belästigt werden. Solche jugendlichen Störenfriede werden vom Revierchef sofort vertrieben, wenn sie seinem Harem zu nahe kommen. Dazu stößt er mit zurückgeworfenem Kopf ein lautes Röhren aus, das in ein schauerliches Röcheln übergeht. Impalas sind die einzigen afrikanischen Antilopen, die einen solchen Krach veranstalten. Wenn sein Ruf die Rivalen nicht abschreckt, scheut sich der Revierchef nicht, sie mit heftigen Stößen seiner Hörner anzugreifen – das kann sogar lebensgefährlich werden!

Impalas gehören zu den wenigen Huftieren, die ihre Nahrung von Gras auf Laub umstellen können. Das ist nicht selbstverständlich, denn das Verdauungssystem von Pflanzenfressern ist immer nur auf eine bestimmte Nahrung ausgerichtet. Die Impalas dagegen beuten das üppig wachsende Gras in der Regenzeit und das spärlichere Laub in der Trockenzeit aus.

Im Dickicht droht ihnen jedoch tödliche Gefahr, denn hier können sie jederzeit von Leoparden überrascht werden. Leoparden sind Meister der Schleichkunst. Zwar können sie nicht besonders schnell laufen, aber sie nutzen die kleinste Deckung und spurten dann aus wenigen Metern auf die Beute zu.

Unter den auffälligen Haarbüscheln oberhalb der Hufe, die den Tieren den Namen Schwarzfersenantilope eingebracht haben, verbergen sich Duftdrüsen. Wenn die Tiere davonspringen, geben sie einen Warngeruch ab, der allen anderen Impalas mitteilt: Achtung, hier ist es gefährlich!

◂ Schwarzfersenantilopen sind hervorragende Weitspringer. Sie müssen im Dickicht immer auf der Hut sein.

▸ Leoparden brauchen gute Deckung bei ihrer Jagd, weil sie sich sehr nah anschleichen müssen. Ihre Beute bringen sie oft auf Bäumen vor Hyänen und Löwen in Sicherheit.

Doch die Impalas können dagegenhalten: Fast aus dem Stand machen sie weite Sprünge, und im vollen Lauf messen ihre Sätze bis zu zehn Meter! Da muss ein Leopard schon sehr schnell zupacken, damit ihm seine Mahlzeit nicht einfach so davonspringt. Aber damit nicht genug: Unter den auffälligen Haarbüscheln oberhalb der Hufe, die den Tieren den Namen Schwarzfersenantilope eingebracht haben, verbergen sich Duftdrüsen. Wenn die Tiere flüchten, geben sie einen Warngeruch ab, der allen anderen Impalas mitteilt: Achtung, hier ist es gefährlich! Der Leopard kann an der entsprechenden Stelle dann lange warten, denn die anderen Impalas meiden das markierte Gebiet sofort.

Leoparden wird nichts geschenkt. Die Schleichjagd ist so schwierig, dass sie meistens nur in der Nacht erfolgreich sind. Und wenn sie dann Beute gemacht haben, müssen sie aufpassen, dass sie sie nicht gleich wieder an Löwen oder Hyänen verlieren. Leoparden streiten sich nicht um ein paar Brocken Fleisch. Ähnlich wie Geparde können sie sich keine Verletzung leisten, denn sie jagen immer allein und müssen elend verhungern, wenn sie geschwächt sind. Deshalb schleppen sie die Beute, so schnell es geht, auf einen Baum, wo sie vor anderen Fleisch- und Aasfressern sicher ist. Löwen sind nicht besonders gut im Klettern, und Hyänen versuchen es mit ihren stumpfen Klauen erst gar nicht.

AUF DER DURCHREISE

Wenn die Gnus die austrocknenden Grassteppen verlassen, kommen sie in eine fremde Welt. Die Lebensweise aller Steppentiere ist auf freie Sicht und schnelle Flucht ausgerichtet. Dichtes Gestrüpp ist ihnen deshalb unheimlich. Doch die Gnus überwinden diese Furcht und ziehen tapfer in das unübersichtliche Labyrinth hinein.

Dichtes Gestrüpp ist den Gnus unheimlich. Doch sie überwinden diese Furcht und ziehen tapfer in das unübersichtliche Labyrinth hinein.

Gnus und Zebras haben gemeinsame Wanderwege und ziehen oft in gemischten Herden.

Auch in den Buschländern gibt es sehr viele Löwen. Wenn die Herden durch ihr Revier ziehen, werden Gnus zu den wichtigsten Beutetieren der Jäger.

Während der Brunft kämpfen Gnubullen um kleine Reviere, auf denen sie Weibchen zusammentreiben. Weil die Herden ständig weiterziehen, müssen sie immer wieder neue Reviere erobern.

Die Steppenzebras tun es ihnen gleich. Da ist es hilfreich, dass der Busch immer wieder von kleinen Lichtungen unterbrochen wird, die Futter und sichere Rast bieten. Außerdem gibt es im Westen und Norden der Serengeti einige recht große Grasebenen. Gnus und Zebras müssen zwar manchmal tagelang durchs Dickicht wandern, aber sie erschließen sich damit einen Reichtum an Nahrung, der anderen Bewohnern der Serengeti verschlossen bleibt. Vor Löwen müssen sie allerdings nach wie vor auf der Hut sein. In den Buschzonen der Serengeti gibt es sogar gut zehnmal so viele Löwen wie in der Grassavanne.

Im Juni ist die Fortpflanzungszeit der Gnus. Eine genaue »Zeitplanung« ist hier alles: Wenn alle Weibchen ihre Jungen zur gleichen Zeit zur Welt bringen sollen, müssen sie sich auch fast alle zur gleichen Zeit verpaaren. Oft haben die Herden zu dieser Zeit schon die Grassavanne verlassen. Für die Bullen brechen anstrengende und hektische Wochen an.

Wie fast alle Huftiere brauchen auch Gnus Reviere für die Paarung. Das ist nicht so einfach, weil die Kolonnen der Kühe ja ständig weiterziehen. Jeden Tag müssen neue Reviere erobert, Rivalen in Schach gehalten und Weibchen umworben werden. Kaum hat der Bulle einen aufdringlichen Nebenbuhler mit einem heftigen Rammstoß abgewehrt, muss er auch schon ausbrechende Weibchen wieder auf sein Gebiet zurücktreiben. Die wiederum wollen lieber zum Nachbarn durchbrennen, der ihnen schon herausfordernd entgegenkommt, und wieder gilt es, Horn und Hirn mit wuchtigen Hieben zu erschüttern. Bei der Hektik kommen die Bullen kaum zum Grasen und Trinken. Nur die stärksten stehen diese Strapazen länger als ein paar Tage durch. Aber es werden ihre Kälber sein, die im nächsten Jahr auf große Wanderung gehen.

FEUER: GEISSEL ODER WERKZEUG

Auf ihrem Zug treffen die Gnus gerade in der Buschsavanne immer wieder auf Buschfeuer. Haushoch schlagen manchmal die Flammen, Rauch verdüstert kilometerweit die Landschaft. Antilopen und Zebras reagieren gelassen, denn sie können dem Feuer leicht ausweichen. Ganz anders viele Kleintiere wie Insekten, Schlangen, Schildkröten, Mäuse und Jungvögel. Deshalb sammeln sich bald Rackenvögel, Störche und Greife an der Feuerfront, um sich zu bedienen.

Vor einigen Jahren hatte man noch große Sorge um den Bestand des Buschlands. Elefanten reißen beim Fressen nämlich viele Büsche und Bäume nieder, und Brände vernichten junge nachwachsende Triebe. Buschfeuer und Elefanten können daher das Buschland in eine offene Graslandschaft verwandeln. Natürlich möchte die Parkverwaltung nicht auf das vielfältige Leben der Buschsavanne in der Serengeti verzichten. Auch den Elefanten wollte niemand an den Kragen, denn die gehören nun einmal in diese Landschaft. Mit ihren ungehobelten Tischmanieren öffnen sie immer wieder das Dickicht und machen Platz für Grasfresser, bis der Busch nach ein paar Jahren das Gebiet zurückerobert. Das ist seit Urzeiten ein natürlicher Rhythmus. Doch durch häufige Brände, oft von Wilderern gelegt, begann sich das Land bedrohlich zu

▲ In der Trockenzeit entwickeln sich einige Grasfeuer zu großen Feuerstürmen, die viel Schaden im Park anrichten.

◀ Viele Insekten flüchten vor den Flammen. Marabus können sie dann leicht fangen. Deshalb versammeln sich häufig Scharen von Vögeln an der Brandlinie.

▶ Häufige Brände können Buschland in offene Weiden verwandeln, weil das Gras sich schneller vom Feuer erholt als Büsche und Bäume.

▶ Elefanten reißen beim Fressen oft Bäume nieder, so dass einige manchmal absterben. Elefanten und Feuer können deshalb Buschland in Graslichtungen verwandeln.

wandeln. Wenn sich viel trockenes Laub und Astwerk angehäuft hatten, entwickelten sich manchmal so heftige Feuerstürme, dass selbst große Bäume abstarben.

Deshalb legt die Parkverwaltung jetzt gezielt Feuer, um solche »heißen« Brände zu verhindern. Das Gras wird angezündet, wenn es noch feucht ist. Es qualmt dann zwar ziemlich schlimm, aber die Flammen sind nicht so verheerend. So sammelt sich erst gar nicht so viel Brennmaterial an, das in einer Dürrezeit gefährlich werden könnte. Man bekämpft also Feuer mit Feuer, und das scheint zu funktionieren. Heute gibt es in der Serengeti mehr Buschland als vor 40 Jahren, auch wenn die Elefanten nach wie vor ziemlich unmanierlich speisen.

Ein Masai nutzt den Filmwagen, um den Sender eines Wildhundes anzupeilen.

Die Zoologische Gesellschaft Frankfurt hat mehrere Masai zu Naturschutzmitarbeitern ausgebildet.

NEUE WEGE IM NATURSCHUTZ

ALS DER NATURPARK SERENGETI gegründet wurde, war das Land ringsum nur dünn besiedelt. Wie eh und je gingen einige Bauern neben der Feldarbeit gelegentlich mit Pfeil und Bogen oder Schlingen auf die Jagd. Das wurde im Park natürlich streng verboten. Aber viele hatten sich daran gewöhnt, Wildfleisch zu essen, und wollten auch weiterhin jagen. Deshalb müssen Wildhüter auf Streife gehen, um Missetäter festzunehmen und deren Schlingen einzusammeln.

Doch da die Bevölkerung stark wächst, ist es mit Strafandrohungen heute nicht mehr getan. Naturschutz in dicht besiedelten Gebieten kann sehr kompliziert sein. Elefanten schädigen Felder, Menschen oder Vieh kommen durch Raubtiere zu Schaden, umgekehrt können sich Nutztierkrankheiten in den Park hinein ausbreiten. Die Zoologische Gesellschaft Frankfurt entsendet deshalb Mitarbeiter in die Dörfer, um die Sorgen der Anwohner zu hören und Lösungsvorschläge zu machen.

Impfungen rings um die Serengeti haben schon unzähligen Tieren das Leben gerettet. So wurden die Rinderpest und einige Hundekrankheiten besiegt, die bis vor Kurzem auch Löwen befielen. Entscheidend ist, dass die Menschen in der Umgebung Vorteile aus dem Park haben und ihn schon aus eigenem Interesse erhalten. So nehmen die Masai im Osten der Serengeti neuerdings hin, dass Wildhunde ab und zu mal ein Schaf reißen. Ja, sie schützen die Hunde sogar aktiv – solange sie an den Touristen, die die Hunde sehen wollen, mitverdienen können.

Rechts oben: Ranger gehen regelmäßig auf Streife, um Wilderei zu unterbinden und Fangschlingen einzusammeln.

Rechts unten: Wildhunde sind begehrte Fotomotive für Touristen und bringen etwas Geld in die armen Regionen außerhalb des Parks.

4. DIE LEBENSADERN DER SERENGETI

Wasser ist ein kostbares Gut in der Serengeti. Zwar regnet es in weiten Teilen des Nationalparks über das Jahr ungefähr so viel wie bei uns in Mitteleuropa, aber unter der heißen Tropensonne verdunstet das Wasser schneller, und außerdem verteilt sich der Regen nicht gleichmäßig. Die südlichen Regionen des Parks bekommen weniger Niederschlag ab als der Norden, und von Jahr zu Jahr schwanken die Niederschläge der einzelnen Monate stark. Es ist also nie vorherzusehen, ob eine bestimmte Region jeweils gerade gute oder schlechte Bedingungen aufweisen wird. Weil die kleinen Wasserlöcher rasch austrocknen, müssen die Tiere ihren Durst an den wenigen Flüssen löschen. Doch auch die sind den größten Teil des Jahres nur bescheidene Rinnsale. Von den Seen haben durstige Tiere so gut wie nichts, denn das Wasser ist eine salzige, ungenießbare Sodabrühe. Aber wie man an den großartigen Herden und den vielen anderen Tieren der Serengeti sieht, werden die Bewohner des trockenen Landes mit den Wasserproblemen ganz gut fertig.

Der Mara-Fluss fließt durch den Norden der Serengeti. Er entspringt in regenreichen Bergen und ist deshalb noch nie ausgetrocknet.

PULSSCHWANKUNGEN

Flüsse transportieren Wasser, das oft viele Hundert Kilometer entfernt als Regen fiel und über unzählige kleine Rinnsale und Bäche in die Flussbetten gelangte. Solange sie von ihren Quellgebieten genug Nachschub bekommen, können stattliche Flüsse auch durch trockene Gebiete fließen. Wie wir gesehen haben, fällt im Kraterhochland ja eine ganze Menge Regen. Doch das nutzt der Serengeti leider nicht viel, denn fast der gesamte Niederschlag aus dem Vulkangebiet fließt zur anderen Seite der Berge ab – kein einziger Fluss ergießt sich aus dem Hochland in die Serengeti. Einige Flüsse im Park strömen zwar nach Westen zum großen Victoria-See, aber ihre Quellen liegen überwiegend in relativ flachem Gelände. Das hat schlimme Folgen: Solche Quellen versiegen, sobald die Regenzeit vorüber ist, weil sie keinen Wassernachschub mehr bekommen. Wasser, das tief in den Boden versickert ist, kann über sie nicht mehr abfließen und ist somit an der Oberfläche für die Tiere nicht nutzbar.

Wenn im Juni große Teile der Serengeti kaum noch Regen bekommen, trocknen Wochen später die meisten Flüsse aus. Von Tag zu Tag sinkt der Wasserpegel, bis schließlich nur noch eine Kette von Tümpeln in den tieferen Stellen des Flussbettes übrig bleibt. Im Grasland, wo die Dürre zuerst um sich greift, beginnen die Flüsse schon

Der Mara ist seit Menschengedenken nie ausgetrocknet und spendet den Tieren in der nördlichen Serengeti gerade dann noch reichlich Wasser, wenn sie es am dringendsten brauchen.

Eine Gnuherde staut sich an dem tief eingeschnittenen Mara. Der Fluss ist ein gefährliches Hindernis auf ihrem Zug.

Das Wasser des Mara im Norden der Serengeti ist unverzichtbar für einen Großteil der Herden. Auch Zebras ziehen hierher.

Kaptriele sind oft auf Geröllflächen an Ufern der Flüsse zu sehen. Regungslos verharren sie und sind dann kaum zu erkennen.

Ende Mai auszutrocknen. Weil die kleinen Tümpel in den Bächen bald so salzig sind, dass Gnus und Zebras nicht mehr daraus trinken können, verlassen sie die Gebiete oft, schon lange bevor das Gras völlig abgeweidet ist. Aus den Flüssen im Westen und Norden können sie ja noch eine Zeitlang trinken. Eine Wasserversorgung, und sei sie noch so spärlich, ist während der Trockenzeit für die großen Herden überlebenswichtig.

Glücklicherweise gibt es unter den Flüssen der Serengeti eine Ausnahme. Ein Fluss wird nämlich doch von hohen Bergen gespeist. Die Mau-Berge in Kenia umfassen ein riesiges, dicht bewaldetes Gebiet. Hier regnet es das ganze Jahr über, in manchen Monaten sogar ausgiebig. Und auch wenn es einmal wochenlang trocken sein sollte, speichert der Wald zwischen den Baumwurzeln so viel Wasser, dass die vielen Quellen in den Bergen auch weiter stetig sprudeln.

Ein großer Teil dieses Quellwassers sammelt sich in zwei Flüssen, die am Fuß der Berge in dem Fluss Mara zusammenfließen. In der Regenzeit ist der Mara ein mächtiger, wild wirbelnder Strom, aber auch in der Trockenzeit fließt er immer noch üppig. Der Mara ist seit Menschengedenken nie ausgetrocknet und spendet den Tieren in der nördlichen Serengeti gerade dann noch reichlich Wasser, wenn sie es am dringendsten brauchen. Als die Gnubestände vor 50 Jahren zu wachsen begannen, wurde dieser Fluss im Norden für sie lebenswichtig. Biologen schätzen, dass ohne den Mara etwa 300 000 bis 500 000 Gnus weniger die alljährliche Dürre überleben würden.

FLUSS IM WÜRGEGRIFF

Weil der Mara für den Nationalpark so wichtig ist, machen sich Naturschützer zurzeit große Sorgen um ihn. Der ferne Mau-Wald mit seinen fruchtbaren Böden und dem feuchten Klima ist nämlich auch als Ackerfläche begehrt. Die Bevölkerung in Kenia hat sich seit Gründung der Serengeti ungefähr verdreifacht. Entsprechend viele Menschen suchen deshalb neues Ackerland, um ihre Familien zu ernähren. Und der Wald war ein verlockendes Ziel, denn dort konnten Mais, Kartoffeln und viele andere Feldfrüchte angebaut werden, ohne dass man sich vor Dürrezeiten fürchten musste. Etwa die Hälfte des Mau-Waldes ist mittlerweile der Felderwirtschaft zum Opfer gefallen.

Weil nun weniger Wasser durch Baumwurzeln gespeichert wird und der Regen schneller abläuft, kommt es in den Tälern zu Überschwemmungen. In der Trockenzeit, wenn auch über dem Mau-Wald weniger Wolken aufziehen, gibt der Boden nicht mehr so viel Wasser her wie früher, und entsprechend weniger kommt in der Serengeti an. In den letzten Jahren war der Mara manchmal

Der Wasserstand des Mara-Flusses sank in den letzten Jahren immer wieder bedrohlich ab.

Links: Die Hälfte des Mau-Walds ist inzwischen in Ackerfläche verwandelt worden, weil viele Menschen in Kenia Nahrung brauchen.

Rechts: Durch Abholzung in den Mau-Bergen ist das Quellgebiet des Mara stark bedroht. Dies kann große Auswirkungen auf die Tierbestände der Serengeti haben.

schon so flach, dass man bequem hindurchwaten konnte. Eine weitere Besiedlung der Mau-Berge ist inzwischen verboten, und einige Bauern mussten ihre Felder sogar verlassen. Aber es ist nicht einfach, den Menschen begreiflich zu machen, dass sie zugunsten der Serengeti verzichten sollen. Das Beispiel des Mara zeigt auch, dass es nicht damit getan ist, Tiere auf einer bestimmten Fläche unter Schutz zu stellen. Nationalparks überall auf der Welt sind Einflüssen ausgesetzt, deren Ursprung oft in weiter Ferne liegt.

ROSA MASSEN: FLAMINGOS AN DEN SALZSEEN

Zwergflamingos ernähren sich von winzigen Algen, die massenhaft im Sodawasser vorkommen.

IN DER SERENGETI sind zwei Flamingoarten zu Hause. Besonders auffällig sind die kräftig rosa gefärbten Zwergflamingos mit den schwarz abgesetzten Flügeln. Sie leben meist in großen Scharen. Im Natron-See haben sie eine riesige Brutkolonie, in der in manchen Monaten eine Million Vögel zusammenkommen.

Der Große Flamingo ist blasser und tritt nicht in solchen Massen auf. Das liegt daran, dass die beiden Arten, obwohl beide mit einem feinen Sieb im Schnabel das Wasser durchseihen, unterschiedliche Futterquellen anzapfen.

Der Schnabel des Großen Flamingos hält kleine Krebschen und Insektenlarven zurück, der des Zwergflamingos dagegen Algen. Weil es in den Sodaseen viel mehr Nahrung in Form von Algen gibt als in Form von Kleintieren, übersteigt die Zahl der Zwergflamingos die der Großen Flamingos bei Weitem. Die Wasserbedingungen, und damit die Futtermengen in den flachen Seen, ändern sich durch Regenfälle und Verdunstung von Monat zu Monat. Deshalb ziehen Flamingos weit in Ostafrika herum.

Am Grumeti-Fluss lauern die größten Krokodile Afrikas auf Beute. Die scheinbar trägen Tiere können blitzschnell zustoßen.

Unten links und Mitte:
Das junge Gnu hat keine Zeit zu reagieren, bis der Angreifer schon weit über ihm ist. Das Tier in der Mitte wird von der Schnauze der Echse fortgeschleudert, so dass es entkommt.

ALTE JÄGER: KROKODILE IM GRUMETI-FLUSS

IN ERSTAUNLICH VIELEN BÄCHEN UND TÜMPELN der Serengeti sind Krokodile zu Hause. Sogar weit weg von größeren Flüssen kann man ihnen begegnen. Sie ernähren sich überwiegend von Fischen und machen nur selten große Beute. Besonders bekannt sind die Krokodile im Fluss Grumeti im Westen der Serengeti, die zu den größten ganz Afrikas zählen. Krokodile sind ziemlich »altehrwürdige« Tiere. Ihre Vorfahren, die ihnen schon sehr ähnlich sahen, lebten vor etwa 200 Millionen Jahren, lange vor der Blütezeit der Dinosaurier. Deshalb ist es erstaunlich, dass die Krokodile nach wie vor so erfolgreich »modernere« Tiere erbeuten.

Gnus haben schärfere Augen und Ohren, stärkere Muskeln, ein leistungsfähigeres Gehirn – und trotzdem werden sie von den Urtieren überlistet und gefressen. Krokodile haben nämlich in der langen Zeit ihrer Evolution so manche erstaunliche Fähigkeit entwickelt. Sie können lange tauchen, ohne bewusstlos zu werden, und spüren die Beute unter Wasser, ohne sie zu sehen. Empfindliche Drucksensoren an ihrer Schnauze zeigen ihnen kleinste Wasserbewegungen an. Damit orten sie das Opfer und packen dann blitzschnell zu. Am Grumeti warten sie in den tieferen Tümpeln auf Gnus, die zum Trinken kommen. Minutenlang sind sie nicht zu sehen – bis das Wasser in einem rauschenden Schwall aufreißt und sich der massige Jäger fast zwei Meter weit zwischen die zu Tode erschrockenen Antilopen wirft. Und wehe, er erwischt eine! Zum Glück für die Gnus gehen viele Angriffe daneben, doch solange die Herden am Fluss sind, werden trotzdem mehrere Hundert Huftiere von den Urzeitjägern ins Wasser gezerrt.

Unten rechts: Jedes Jahr fangen die Grumeti-Krokodile einige Hundert Tiere, wenn die Herden im Juni an den Fluss kommen. Dann müssen sie aber ein ganzes Jahr warten, bis es wieder große Beute gibt.

Krokodile können fast zwei Meter aus dem Wasser schnellen.
Vor allem die unerfahrenen Kälber sind gefährdet.

Dunkler Galeriewald umgibt den Grumeti-Fluss wie ein Tunnel. Viele verschiedene Tiere können hier überleben.

GRÜNE GALERIEN

Flüsse sind nicht nur wichtige Wasserspender für die großen Herden, sondern ihre Ufer bieten auch eigene Lebensräume, die die Artenvielfalt der Serengeti bereichern. Aus der Luft zeigen sie sich als grüne Bänder in der oft gelbbraunen Savanne. Schon den ersten europäischen Reisenden, die durch Afrika zogen, fiel das auf. Weil häufig Bäume die Flüsse auf beiden Seiten säumen, nannten sie diese grünen Korridore »Galeriewälder«. Korridore sind sie auch im eigentlichen Sinne: Entlang den Flüssen breiten sich Arten aus, die im Busch oder Grasland ringsum nicht überleben könnten.

Weil hier Nährstoffe angeschwemmt werden, sind die Flussufer besonders fruchtbar. Dazu tragen auch die Flusspferde kräftig bei. Sie weiden das Gras ringsum ab und düngen das Wasser und die Ufer mit ihrem Dung. Ein üppiger Pflanzenwuchs entwickelt sich: Riesige Feigenbäume ragen über wilden Oliven empor, die gelben schlanken Stämme der Fieberakazien erheben sich glänzend über wuchernden Büschen. Die Fieberakazien haben übrigens ihren schlimmen Namen nicht verdient. Die ersten Reisenden aus Europa rasteten oft unter ihren ausladenden Kronen. Doch da es in Wassernähe viele Stechmücken gibt, infizierte sich manch ein Afrikaforscher mit der Malaria. Die hübschen Uferbäume waren an den folgenden Fieberanfällen völlig unschuldig.

Das schattige Kronendach umschließt den Fluss wie ein grüner Tunnel. Dumpf wummern die Rufe der Flusspferde durch das Dämmerlicht, und in den Sonnenflecken blitzt das schimmernde Gefieder der Eisvögel. Reiher lauern starr auf Beute, während Störche mit dem Schnabel das trübe Wasser durchsieben. Mit flinken Augen sucht der eigenartige Hammerkopf nach kleinsten Strudeln im Wasser, die ihm Beute verraten. Der schmetternde Ruf eines Braunen Sichlers übertönt für eine Weile sogar das Grunzen der Nilpferde, gefolgt vom schrillen Keckern der Kiebitze. Und immer wieder erschallt das Jubilieren des Afrikanischen Schreiseeadlers über dem Fluss. Diese prächtigen schokoladenbraunen Greifvögel mit der schneeweißen Brust brüten in den hohen Kronen der Feigenbäume und geben jedem Rivalen weithin zu verstehen, dass hier keine Eindringlinge geduldet werden.

Die Uferwälder sind nicht nur Vogelparadiese. Flinke Meerkatzen huschen über die Felsen. Geschickt klettern sie die Stämme hoch, um sich ein paar saftige Feigen oder süße Blüten zu holen. Mit Katzen haben diese kleinen Affen nur die Geschmeidigkeit gemein. Selbstbewusst trottet eine Gruppe Paviane durchs Unterholz. Wie die Meerkatzen kommen sie auch weiter draußen im offenen Land zurecht, doch hier am Fluss finden sie Früchte, saftige Blätter, Insekten und gelegentlich ein Vogelei. Auch die seltenen Husarenaffen statten der Uferregion hin und wieder eine Stippvisite ab. Die hübsch gefärbten Rotröcke sind Weltrekordhalter unter den Affen: Keiner läuft schneller, und bei der Nahrung begnügen sie sich wochenlang mit Baumharz und Ameisen.

Ganz anders die Mantelaffen: Die schweren Tiere mit der auffälligen Schwarz-Weiß-Färbung kommen in der Serengeti nur in den Galeriewäldern vor. Sie halten sich ungern am Boden auf, sondern klettern lieber oben in den Baumkronen herum, wo sie sich sicherer fühlen. Sie fressen ausschließlich Laub, das sie wie eine Gazelle mit dem Maul abweiden. Mit den Händen sind sie eher ungeschickt, denn der Daumen ist zu einem kleinen Stummel zurückgebildet. Dafür sind sie nicht zu überhören: Die Tiere einer Gruppe veranstalten morgens und abends regelrechte Konzerte. Mit dem tiefen kehligen Gesang halten sie Rivalen auf Abstand.

Frisches Laub ist die Leibspeise von Mantelaffen. Sie könnten fernab vom Fluss nicht überleben und kommen in der Serengeti nur in Galeriewäldern vor.

Das Jacana-Blatthühnchen hat riesige Zehen, um sein Gewicht besser auf die Schwimmpflanzen verteilen zu können.

Flusspferde drängen sich an den tieferen Stellen zusammen. Mit ihrem Dung machen sie die Galeriewälder sehr fruchtbar.

Nimmersattstörche tasten mit ihren empfindlichen Schnäbeln auch in trübem Wasser erfolgreich nach Fischen.

Rechts oben:
Schreiseeadler brüten in den besonders hohen Bäumen des Galeriewaldes. Sie jagen nicht nur Fische, sondern greifen manchmal auch andere Vögel an.

Rechts unten:
Der Hammerkopf erbeutet kleine Fische und Frösche.

SALZBRÜHE

Die Serengeti liegt zwischen dem riesigen Natron-See im Südosten und dem noch riesigeren Victoria-See im Nordwesten. Im Park selbst gibt es nur drei größere Gewässer: den Ndutu-, den Masek- und den Magadi-See. Als Badeseen für hitzegeplagte Touristen sind sie aber eine einzige Enttäuschung – flache Becken voller Lauge, die in der Trockenzeit zu Morast oder staubigen Salzpfannen erstarren. Stehende Gewässer verwandeln sich hier schnell in Salzseen. In der Regenzeit wird frisches Süßwasser aus den kleinen Flüssen und aus Quellen in die flachen Becken geschwemmt. Die Mineralien und Salze, die in diesem Wasser gelöst sind, bleiben zurück, wenn es verdunstet. So reichern sich die Stoffe im Wasser an und es wird immer bitterer. Trotzdem sind diese Seen, die auf uns zunächst so lebensfeindlich wirken, alles andere als tot.

In der salzigen Brühe sind Unmengen von Nährstoffen gelöst. Algen, die Salzwasser vertragen, finden in dem warmen, sonnendurchfluteten Wasser beste Wachstumsbedingungen. Sie vermehren sich rasant und bilden unglaubliche Futtermengen. Zwergflamingos, die solche Algen aus dem Wasser filtern, haben eine unerschöpfliche Nahrungsquelle. Weil aber auch unzählige Insektenlarven die Algen fressen, wimmelt es nur so von allen möglichen kleinen Krabbeltieren. Scharen von Watvögeln fischen ihren Anteil des Nahrungssegens heraus. Auch wenn es mit dem Baden nichts wird: An den Seen der Serengeti gibt es jede Menge zu bestaunen.

Die Seen der Serengeti sind sehr flach. Sie schrumpfen deshalb stark, wenn es lange nicht regnet. Auf dem trockenen Grund des Masek-Sees kommen Gnus an eine der letzten Süßwasserquellen.

An einem Tümpel zeigen zwei Sattelstörche ihren Hochzeitstanz.

In dem Morast wird es schwer für die Kälber, den Anschluss an die Mutter nicht zu verlieren.

Auch wenn es mit dem Baden nichts wird:
An den Seen der Serengeti gibt es jede Menge zu bestaunen.

NOTZEITEN: FLÜSSE AUS SAND

NICHT ALLE TIERE können einfach fortwandern, wenn das Wasser knapp wird. Vor allem Flusspferde und Krokodile leiden, wenn ein Fluss austrocknet, und drängen sich dann in den wenigen größeren Tümpeln zusammen. Das ständige Wälzen und Scharren der schweren Tiere macht die Tümpel tiefer, und in diesen Suhlen sammelt sich dann die letzte Feuchtigkeit. Die Flusspferde, denen die Hitze zu schaffen macht, versuchen, sich mit Schlamm zu bedecken. Auch die Krokodile haben es nicht leicht. Sie können nicht schwitzen und sind immer in Gefahr, einen Hitzschlag zu bekommen. Alle Tiere sind in dieser Zeit erschöpft und schwach. Ohne Streitereien liegen sie apathisch und dicht gedrängt im Schlamm.

Wenn es ganz schlimm wird, verlassen sogar die Krokodile die Schlammlöcher und legen sich allein unter die Büsche in den Schatten. Sie halten dann einen »Trockenschlaf«, der dem Winterschlaf in unseren Breiten ähnelt. Wenn man ein solches Krokodil anfassen würde, würde es weiterschlafen – aber ausprobieren sollte man das besser nicht!

Ist das Wasser ganz verdunstet, graben Elefanten im sandigen Flussbett tiefe Löcher, denn unter dem Sand gibt es an vielen Stellen noch Wasser. In einem halben Meter Tiefe sammelt sich bereits eine Pfütze, deren Wasser sich nach kurzem Warten klärt. Wenn die Dickhäuter getrunken haben, kommen auch andere Tiere, um sich zu erfrischen – Elefanten als Lebensretter für andere Arten!

Wenn die Flüsse ganz austrocknen, drängen sich Flusspferde und Krokodile im Schlamm zusammen.

5. IM HOHEN NORDEN

Wenn wir noch einmal einen Blick auf die Karte am Anfang des Buches werfen, merken wir, dass wir hier eigentlich die Serengeti verlassen – und doch verlassen wir sie nicht. Das klingt verwirrend, aber die Grenzen eines Schutzgebiets sind nicht immer deckungsgleich mit den Grenzen des Lebensraums, der geschützt werden soll. Im Fall der Serengeti haben wir es mit dem glücklichen Fall zu tun, dass tatsächlich ein ganzer Lebensraum durch mehrere Schutzgebiete gesichert werden konnte. Er umfasst das gesamte Gebiet, das von den Gnus für ihre jährliche Rundwanderung genutzt wird und das man als »Serengeti-Ökosystem« bezeichnet. Sechs Reservate umgeben den Park wie »Pufferzonen«, die zum Teil Siedlungen fernhalten. Nicht so im Norden, dort, wo das Masai-Mara-Reservat liegt: Dieses Naturschutzgebiet ist kein Puffer, sondern ein wichtiges Kerngebiet, ohne das viele Tiere der Serengeti nicht überleben könnten. Eigentlich hatten die Tiere der Serengeti nur Glück: Als das Masai-Mara-Reservat eingerichtet wurde, hatte niemand vor, den Gnus zu helfen, denn damals zogen die Herden noch gar nicht hierher. Doch dann wurden es immer mehr, und die Tiere ergriffen die Gelegenheit und drangen in die fruchtbaren Gebiete jenseits der Staatsgrenze vor.

Um immer wieder neue Weiden zu erreichen, müssen Gnus große Strapazen ertragen und viele Hindernisse überwinden.

REGEN BRINGT SEGEN

In der nördlichen Serengeti wirkt sich das Kraterhochland nicht mehr spürbar auf das Klima aus. Dafür wird hier das Wetter vom nahen Victoria-See beeinflusst: Von der riesigen Seefläche steigt so viel Wasserdampf auf, dass sich um ihn herum ein eigenes Wolkensystem bildet. Deshalb fallen im Nordwesten in fast jedem Monat ein paar Schauer, ganz unabhängig von den Dürre- und Regenzeiten, die sonst das Klima in Ostafrika bestimmen. Die Gnus und Zebras finden hier also beste Bedingungen: Der Regen lässt relativ gleichmäßig Gras wachsen, und der Mara bietet reichlich zu trinken.

Doch auch Raubtiere fühlen sich hier wohl: Das Masai-Mara-Reservat ist bekannt für seine hohen Bestände an Löwen, Hyänen und Geparden. Ist es also eine brenzlige Gegend für die Huftiere?

Nicht unbedingt. Raubtiere sind zwar gefährlich, aber Gnus müssen noch ganz andere Schwierigkeiten meistern. Wissenschaftler haben berechnet, dass erstaunlich wenige Huftiere von Löwen gerissen werden – pro Jahr ist es bei den Gnus nur eins von 50 Tieren. Die Hyänen sind wesentlich erfolgreicher, aber auch wenn man sie berücksichtigt, sterben immer noch viel mehr Gnus an Krankheiten, Hunger und Altersschwäche als durch Zähne und Klauen. Ein einziges besonders trockenes Jahr kann erheblich größere Verluste bewirken als die hungrigen Räuber in mehreren normalen Jahren. Gnus gewinnen also mehr, als sie riskieren, wenn sie ins Löwenparadies ziehen.

Der Wanderdrang der Gnus ist an sich auch schon ein wirksames Mittel gegen Raubfeinde: Würden sich alle Gnus gleichmäßig über die gesamte Fläche des Parks verteilen, könnten auch alle Löwen jeden Tag Gnufleisch verspeisen. Weil sie aber als dicht gedrängte Herde nur jeweils ein Zehntel des Parks nutzen, kann ihnen nur jeder zehnte Löwe etwas anhaben. Die anderen Löwen müssen warten, bis die Herden zu ihnen kommen – sie werden geradezu ausgehungert. Deshalb überleben nur wenige Löwen der Südserengeti die Trockenzeit, und entsprechend wenige Jäger erwarten die Gnus, wenn sie von ihrer Wanderung zurückkehren. Ähnlich ist es in den anderen Gebieten, auch wenn dort etwas mehr Beutetiere die Räuber über die karge Zeit bringen.

▲ Die Weiden im Norden bekommen fast dreimal so viel Regen ab wie die Ebenen unter den Vulkanen. Für die Herden sind sie deshalb wichtige Rückzugsgebiete in der Dürre.

▶ Die Regionen im Norden der Serengeti liegen nicht mehr im Regenschatten der Vulkane. Hier können sich auch in den trockenen Monaten noch Gewitter bilden.

▶ Die große Wassermasse des Victoria-Sees bildet mit ihrer enormen Verdunstung ein eigenes Wettersystem, das dem Norden der Serengeti zugutekommt.

Von der riesigen Fläche des Victoria-Sees steigt so viel Wasserdampf auf, dass sich um ihn herum ein eigenes Wolkensystem bildet. Deshalb fallen im Nordwesten in fast jedem Monat ein paar Schauer, ganz unabhängig von den Dürre- und Regenzeiten, die sonst das Klima in Ostafrika bestimmen.

Manchmal ziehen Tausende von Gnus durch den Fluss. Selbst Krokodile und Stromschnellen können sie dann nicht aufhalten.

TÖDLICHE BARRIERE

DAS STEILUFER FÄLLT 20 METER FAST SENKRECHT AB. Oben steht eine Herde Gnus. Es ist unmöglich, hier ans Wasser zu gelangen – oder? Nicht für Gnus. Die Herde will weiter, nach Westen, zu den frischen Weiden am anderen Ufer. Die ersten Antilopen trauen sich in die Wand, halb rutschen sie, halb fallen sie. Und sie kommen heil unten an! Nach kurzem Zögern springen sie beherzt ins Wasser und schwimmen los. Hinter ihnen gerät die Herde in Bewegung. Unter wogenden Staubfahnen stürzen sich Dutzende schimmernder schwarzer Körper die Wand hinunter, das Wasser schäumt unter ihnen auf. Immer mehr Gnus folgen nach, bis ein wildes Getümmel das Flussbett füllt. Blöken, Hufeprasseln und das tobende Wasser verschmelzen zu einer gewaltigen Geräuschkulisse.

Eine Herde Gnus, die den Fluss durchquert, lässt dem Beobachter den Atem stocken. Sogar die Krokodile werden schier überrollt und können in dem Wirbel von Hufen kaum noch einzelne Tiere angreifen. Nicht immer wählen die Herden günstige Furten aus. Starke Strömungen, felsige Untergründe oder tückisch steile Ausstiege aus dem Flussbett können Hunderte von Leben fordern. Da fallen Verluste durch Krokodile gar nicht mehr ins Gewicht. Die Gnus tun sich diese Tortur an, weil sie besonders regenreiche und ergiebige Weiden im Westen des Masai-Mara-Reservats erreichen wollen. Der Fluss scheint sie nicht besonders zu beeindrucken. In manchen Jahren kreuzen ihn große Herden sogar mehrmals in beiden Richtungen!

Unten links: Das Flussbett des Mara liegt an einigen Stellen 20 Meter tief. Ein gefährliches Hindernis auf dem Weg der Gnus.

Unten rechts: Ein Krokodil versucht, ein Gnu im Mara zu packen. Die Jäger greifen vor allem Tiere am Rand der Kolonnen an.

DIE GILDE DER JÄGER

Nur um ihre Gesamtzahl zu halten, müssen Raubtiermütter etwa viermal so viele Junge zur Welt bringen wie Antilopenmütter. Das liegt daran, dass die Verluste bei den Räubern größer sind als bei den friedlichen Pflanzenfressern. Das mag überraschend klingen, doch die Forschungen in der Serengeti belegen es eindeutig.

Besonders auffällig sind die Schwierigkeiten des schnellsten Jägers der Welt, des Geparden. Nur eines von 20 Jungen wird erwachsen; die meisten fallen vorher Hyänen oder Löwen zum Opfer oder verhungern. Im Masai-Mara-Reservat verlieren die eleganten Katzen viele Beutetiere an Hyänen und Löwen. Man könnte fragen,

Weil es nun aber viel mehr Hyänen als Geparde gibt, sind die Hetzjäger für die Gazellen sogar gefährlicher, denn Hyänen erlegen in der Serengeti fünf- bis sechsmal mehr Gazellen als die pfeilschnellen Geparde!

wie denn überhaupt die vielen verschiedenen Jäger nebeneinander satt werden. Warum gibt es nicht den einen Superjäger, der alle Konkurrenten aussticht und die Beute nur für sich und seine Jungen beanspruchen kann? Eine Antwort liegt auf der Hand: Unterschiedliche Jäger jagen auch unterschiedliche Beute. Ein Mäusejäger wie die Servalkatze ist kein Konkurrent für büffelmordende Löwen, und umgekehrt machen Löwen den Servalen nicht die Mäuse streitig.

Aber das ist nicht die ganze Erklärung, denn Löwen, Hyänen, Geparde und Leoparden jagen zu einem großen Teil die gleichen Beutetiere. Obwohl sie sich gegenseitig keinen Bissen gönnen, haben sie davon sogar einen Nutzen: Die Pflanzenfresser können sich nämlich nicht auf einen bestimmten Jäger und seine Jagdweise einstellen. Eine Hyäne beispielsweise hetzt ihr Opfer minutenlang, wenn auch vergleichsweise langsam. Der Gejagte braucht eine gute Lunge und ein starkes Herz, um zu entkommen. Ein Gepard dagegen kann sein hohes Tempo nur 20 bis 30 Sekunden vorlegen. Der Gejagte sollte also kurze Zeit sehr schnell laufen können, braucht dafür aber nicht lange durchzuhalten. Tiere, die von Geparden gejagt werden, sollten demnach gute Muskeln haben.

Eine Gazelle kann nun aber nicht gleichzeitig schnell und ausdauernd sein. Nicht zufällig ist ein Marathonläufer wesentlich schmaler als ein muskelbepackter Hochleistungssprinter. Hyänen und Geparde haben es daher mit Beutetieren zu tun, die zwar ziemlich schnell und ziemlich ausdauernd sind, aber eben nicht extrem schnell oder extrem ausdauernd. Und das nutzt beiden Jägern. Obwohl Hyänen gegen die spurtstarken Thomson-Gazellen eigentlich keine Chance haben, gelingt es ihnen doch hin und wieder, eine zu fangen. Weil es nun aber viel mehr Hyänen als Geparde gibt, sind die Hetzjäger für die Gazellen sogar gefährlicher, denn Hyänen erlegen in der Serengeti fünf- bis sechsmal mehr Gazellen als die pfeilschnellen Geparde!

◂ Kleine Geparde ziehen schon sehr früh mit ihren Müttern weit umher. Dabei sind sie stärker gefährdet als Löwenjunge, die lange versteckt bleiben.

◂ Das Leben von Jägern ist viel gefährlicher als das von Grasfressern. Bei jeder Jagd gehen sie Risiken ein, verletzt zu werden. Raubtiere müssen deshalb viel mehr Junge zur Welt bringen als Huftiere.

▸ Leoparden sind kräftig und gewandt, doch die Konkurrenz von Löwen und Hyänen macht ihnen schwer zu schaffen.

Wenn die Herden fortgewandert sind, müssen Löwen oft sehr gefährliche Beute wie Büffel angreifen. So eine Jagd gelingt nur im Rudel und ist auch dann sehr riskant.

LANGE WEGE NACH HAUSE

Im Oktober beginnt es in der Masai-Mara oft heftig zu regnen. Wenn diese »kleine« Regenzeit einsetzt, wird das Land sattgrün. Das sind beste Bedingungen für Grasfresser, und im Naturpark werden viele Kälber, Kitze und Ferkel geboren. Umso erstaunlicher ist es, dass die großen Gnuherden nicht bleiben und den Segen genießen. Stattdessen machen sie sich gerade dann auf den langen Rückweg in den Süden. Um das zu verstehen, müssen wir zurückblättern ins zweite Kapitel. Das Gras der südlichen Serengeti hat die ganz besondere Gewürzmischung, die für angehende Muttertiere und die Jungtiere so gesund ist. Aber warum machen sich die Gnus und Zebras die Mühe, während die Leierantilopen, Thomson-Gazellen und viele andere mehr in der Masai-Mara doch offenbar keine Probleme haben, ihren Nachwuchs zur Welt zu bringen? Das hat die Biologen lange verwirrt. Doch dann fanden sie die Antwort.

Natürlich könnten Gnumütter ihre Kälber auch in der Masai-Mara bekommen und ernähren. Aber sie müssten auf viele Mineralstoffe verzichten, die sie für das Junge und die Milch brauchen. Um wieder völlig zu Kräften zu

NÜTZLICHE NEUGIER?

◁ Auch Impalas und Thomson-Gazellen durchqueren den Mara-Fluss. Für die zierlichen Tiere ein gefährliches Unterfangen, und sie haben es dann sehr eilig!

△ Der lange Weg zurück in den Süden beginnt für die Gnus oft mit dem Einsetzen der Regenfälle im Norden.

▷ Im Oktober kommen die kleinen Warzenschweine auf die Welt. Die Mütter haben meist drei bis vier Junge.

kommen und trächtig zu werden, müssten sie lange warten. Weil die Gnus aber eine feste Zeit im Jahr haben, in der sie sich verpaaren, würden viele Weibchen dann nur alle zwei Jahre ein Junges zur Welt bringen. Andere Huftiere haben deshalb nicht so streng festgelegte Zeiten für die Fortpflanzung und die Geburt wie die Gnus. Doch die Gnus pflanzen sich dank des Supergrases im Süden der Serengeti eben doch schneller fort. Dafür nehmen sie die Strapazen des langen Rückwegs zu den Vulkanen in Kauf – ein weiterer Grund dafür, dass sie die erfolgreichsten Herdentiere der Serengeti sind.

Das klingt alles reichlich weit hergeholt, und die Forscher waren von ihren Ergebnissen selbst überrascht. Aber deshalb sind so große Nationalparks wie die Serengeti ja so wichtig: Hier lässt sich das natürliche Mit- und Gegeneinander der Tiere genau untersuchen. Und oft ist alles ganz anders, als es auf den ersten Blick aussieht. Sei es die Nutzung von Gras und Wasser, die Wahl der Wanderwege, die Auswirkungen von Elefanten auf Büsche und Bäume oder die Konkurrenz unter Raubtieren. Schaut man genauer hin, stimmt so manche lieb gewonnene Vorstellung nicht mehr. Die Serengeti ist einer der wenigen Orte auf der Welt, an denen man solche Vorstellungen überprüfen kann.

DAS MASAI-MARA-RESERVAT ist eines der meistbesuchten Schutzgebiete Afrikas. Vor allem die Gnuwanderung von August bis Oktober zieht viele Besucher an. Ganze Autokolonnen schieben sich dann durch den Nationalpark, denn zu Fuß darf man sich dort nicht fortbewegen. Vor allem, wenn die Besucher Löwen oder Geparde entdecken, sind die Raubtiere bald von wahren Wagenburgen umgeben. Auch bei den Flussüberquerungen der Herden versammeln sich oft über 30 Autos, um das Schauspiel zu beobachten. Glücklicherweise beachten die meisten Wildtiere die Fahrzeuge kaum noch, denn sie haben sich daran gewöhnt. Für Geparde, die nur bei Tageslicht jagen, können Autos aber eine ernste Behinderung sein. In einigen Gebieten wird deshalb inzwischen strikt darauf geachtet, dass die Fahrzeuge einen Mindestabstand einhalten und nicht länger als zehn Minuten stehen bleiben. Solange die Einnahmen aus dem Tourismusgeschäft dazu beitragen, die Serengeti zu schützen, spricht nichts gegen einen gut organisierten Besucherstrom. Auch mit vielen Mitreisenden kann man sich an der einzigartigen Tierwelt und der großartigen Landschaft erfreuen. Aber je mehr Menschen kommen, umso strenger müssen die Regeln in den Parks werden.

Die Serengeti und das Masai-Mara-Reservat sind sehr beliebte Touristenziele geworden. Das bringt viel Geld in die armen afrikanischen Länder. Die Besuchermengen können aber zu Störungen der Tiere führen.

Raubtieren folgt man besser mit dem Auto. Die Kamera kann dann schnell in Position gebracht werden. Bei einer Jagd hält man mit dem Wagen aber einen viel größeren Abstand als hier.

Tagelang muss man manchmal in Versteckzelten auf Krokodilszenen am Grumeti warten.

Mit einem großen Kran werden Kamerafahrten gedreht.

TIERISCHE STARS

TIERE IN SO EINEM WUNDERBAREN PARK wie der Serengeti zu filmen, ist ein spannendes Unterfangen. Man muss aber damit rechnen, wochenlang auf ein bestimmtes Ereignis zu warten: auf eine Geburt, eine Flussdurchquerung oder gar eine dramatische Jagd. Das kann ziemlich langweilig werden. Oft ist es gar nicht so einfach, die »Darsteller« überhaupt zu finden. Geparde, Löwen und Leoparden sind eher seltene Tiere, die sich an manchen Tagen gar nicht blicken lassen, weil sie irgendwo in einem Gebüsch liegen. Da gilt es, früh aufzustehen, lange vor Sonnenaufgang, denn in den ersten kühlen Morgenstunden sind die Großkatzen besonders aktiv.

In afrikanischen Nationalparks wird meistens von einem Geländewagen aus gefilmt. Anders könnte man die schwere Ausrüstung nicht bewegen, zumal man ja den Tieren im Gelände folgen will. Vor allem, wenn man Raubtiere ablichten will, sollte man einen großen Abstand einhalten, um Jäger und Gejagte nicht zu stören. Damit die Tiere aus der Ferne überhaupt noch zu erkennen sind, muss man große Fotolinsen an die Kamera schrauben. Und wenn die Tiere sich ganz schnell bewegen, lohnt es sich, sie in Zeitlupe zu filmen. Dann erkennt man Dinge, die mit dem bloßen Auge gar nicht zu sehen sind.

Der Wagen ist auch ein gutes Tarnversteck. Wenn man zu Fuß unterwegs ist, laufen alle Tiere fort – auch die Löwen. An manchen Stellen geht es aber mit dem Auto nicht weiter. Dann muss man einen Tarnvorhang oder ein Versteckzelt aufbauen und darin womöglich tagelang ausharren, bis eine bestimmte Szene endlich »im Kasten« ist. Und man weiß nie, wer da zu Besuch kommt!

Unten rechts: Einige Darsteller rückten bei den Dreharbeiten ungemütlich nahe!